Strandführer Atlantikküste und Ärmelkanal

Thomas Jermann

Strandführer Atlantikküste und Ärmelkanal

Tiere, Pflanzen und Ökosysteme zwischen den Tiden

Thomas Jermann
thomasjermann.ch
Binningen, Schweiz

ISBN 978-3-662-71234-4 ISBN 978-3-662-71235-1 (eBook)
https://doi.org/10.1007/978-3-662-71235-1

Die Deutsche Nationalbibliothek verzeichnet diese Publikation in der Deutschen Nationalbibliografie; detaillierte bibliografische Daten sind im Internet über https://portal.dnb.de abrufbar.

Einbandabbildung: Thomas Jermann

Planung/Lektorat: Stefanie Wolf
Springer ist ein Imprint der eingetragenen Gesellschaft Springer-Verlag GmbH, DE und ist ein Teil von Springer Nature.
Die Anschrift der Gesellschaft ist: Heidelberger Platz 3, 14197 Berlin, Germany

Vorwort

Die Faszination des Kleinen – unglaubliche Geschichten in der Gezeitenzone

Seit den 1980er-Jahren verbringe ich jedes Jahr mehrere Wochen an den europäischen Atlantikküsten, meistens in der Bretagne. Die extremen Gezeiten am Ärmelkanal hatten mich 1986 auf einer Exkursion meiner Uni in den Bann gezogen, und die Faszination für das erstaunliche Phänomen hat mich bis heute nicht wieder losgelassen. Die Tiden sind zwar von Ort zu Ort unterschiedlich ausgeprägt, sie schaffen jedoch überall an der Atlantikküste wundersame Lebensräume mit einer so vielfältigen und exotischen Tier- und Pflanzenwelt, wie man sie in Mitteleuropa nicht vermuten würde. An manchen Stränden kann man auf einem Kilometer Länge mit bloßem Auge mehr als 500 Tier- und ebenso viele Algenarten finden. Mit einem Mikroskop bewaffnet würde sich diese Zahl vervielfachen. Die Biodiversität ist enorm und zugleich exotisch!

Ich habe schnell gelernt, dass es am Atlantik amphibische Fische (Kap. 15) gibt – Fische also, die an Land ebenso gut zurechtkommen wie im Meer, dass das Fortpflanzungsverhalten eines Wattwurms (Kap. 9) so kompliziert ist, dass es sich fast nicht beschreiben lässt, dass am Gezeitenstrand Schnecken leben, die den seltenen Farbstoff *Purpur* (Kap. 14) produzieren und gleichzeitig mit einem perfekten Bohrapparat Miesmuscheln öffnen können. Und dass manche Muscheln 200 Augen haben, habe ich damals eher per Zufall bemerkt.

Der „Grüne Schleimfisch" ist mein sympathischer Begleiter seit den 1980er-Jahren …

Die pure Begeisterung über die Lebensgeschichte mancher Arten wurde mit der Zeit von einem anderen Wissensdurst überdeckt: Wie funktioniert ein Strand? Welchen Einfluss haben die Gezeiten auf die Fauna und Flora? Was passiert in einem Gezeitentümpel bei Ebbe und was bei Flut? Und wie überleben die Tiere die Unbill der Gezeiten?

Die Küstenregionen sind in der Regel Flachwassergebiete. Sonnenlicht dringt bis auf den Meeresboden und verstärkt die Photosynthese und damit den Aufbau von Biomasse. Nährstoffe sind durch Zuflüsse vom Land oder durch aufströmendes Tiefenwasser in ausreichenden Mengen vorhanden. Die Produktivität des Küstenmeeres ist deshalb sehr hoch, und der Tisch ist für die Tiere reich gedeckt.

Die Vielfalt der Arten in der Gezeitenzone ist unter anderem das Resultat des rhythmischen Wechsels der Wasserstände und damit der Abfolge von terrestrischen und aquatischen Verhältnissen. Kein „normales" Meerestier erträgt längeres Trockenliegen bei Ebbe oder Festsitzen in einem Gezeitentümpel; und kein „normales" Landtier übersteht ein mehrstündiges Untertauchen im Wasser bei Flut. Die Bewohner der Gezeitenzone sind Überlebenskünstler: Sie überstehen Hitzetage im Sommer, prasselnde Regengüsse, Schnee und Kälte an der Luft. Sie widerstehen aber auch harter Brandung und überdauern Sauerstoffknappheit oder pH-Schwankungen des Wassers. Die Evolution – so scheint es – beherrscht hier das Spiel mit den harschen Umweltbedingungen fast nach Belieben! Sie stattet Meerestiere mit Merkmalen aus, die sonst nur an Land sinnvoll sind, und befähigt Landtiere, sich vom Meer zu ernähren.

Die Schönheit der Algen und der Tiere ist überwältigend, wenn man sich Zeit nimmt, sie etwas genauer zu betrachten. Dazu soll dieser Strandführer dienen. Er liefert beim Strandspaziergang oder bei der biologischen Exkursion Bestimmungshilfen für die wichtigsten Arten der Küste sowie Informationen zu Lebensweise oder besonderen Überlebensstrategien. Er führt Sie durch die Lebensräume der Küste und soll Ihnen die Faszination einer exotischen Welt nahebringen. Dabei steht nicht der beim Bestimmen gefundene Artname im Zentrum des Interesses – ein Name allein birgt ja nur wenig Information. Viel wichtiger ist darüber hinaus das Verstehen der Lebensgeschichten der Tiere und Pflanzen und ihr Zusammenwirken im so komplexen Lebensraum Gezeitenzone.

Binningen, Schweiz Thomas Jermann

Dank

Mein Dank gilt vor allem der schönen Bretagne und ihren so liebenswerten Bewohnern, sowohl an Land wie im Wasser, unserem Hund Roxy für die lautstark begleiteten Strandspaziergänge und Katja für ihr scharfes Spürauge.

Competing Interests

Der/die Autor*in hat keine für den Inhalt dieses Manuskripts relevanten Interessenkonflikte.

Inhaltsverzeichnis

Begriffe und Definitionen zu den Gezeiten

Litoral	Gezeitenzone
Gezeiten/Tiden	Durch die Gravitation von Mond und Sonne sowie Rotationskräfte verursachte periodische Wasserstandsänderungen des Meeresspiegels oder großer Seen
Springtide	Gezeit bei Voll- oder Neumond
Nipptide	Gezeit bei Halbmond
Flut	Vorgang und Zeitraum ansteigenden, auflaufenden Wassers
Ebbe	Vorgang und Zeitraum sinkenden, ablaufenden Wassers
Kentern	Zeitpunkt des Wechsels von auflaufendem zu ablaufendem Wasser oder umgekehrt
Stauwasser	Stillstand der Gezeitenströmung (= Stauwasser) beim Kentern der Tide; ein nur sehr kurzer Moment
Tidenstieg	Unterschied der Wasserstände zwischen Niedrigwasserhöhe und der folgenden Hochwasserhöhe
Tidenfall	Unterschied der Wasserstände zwischen Hochwasserhöhe und der folgenden Niedrigwasserhöhe
Tidenhub	Mittelwert aus Tidenstieg und Tidenfall
Äquinoktium	Tag-und-Nacht-Gleiche, am 19., 20. oder 21. März sowie am 22., 23. oder 24. September

Abkürzungen zu den Gezeiten

Deutsche Bezeichnung		Englische Bezeichnung		Französische Bezeichnung
HGWS	Höchstmöglicher Gezeitenwasserstand	HAT	*Highest astronomical tide*	*Niveau de la plus forte marée haute possible*
MSHW	Mittleres Springhochwasser	MHWS	*Mean high water spring*	*Niveau de marée haute de vive-eau moyenne*
MHW	Mittleres Hochwasser = Küstenlinie auf Landkarten	MHW	*Mean high water*	*Niveau de marée haute moyenne*
MNHW	Mittleres Nipphochwasser	MHWN	*Mean high water neap*	*Niveau de marée haute de morte-eau*
MWL	Mittelwasser, Normalhöhennull	MSL	*Mean sea level*	*Niveau de la mer*
MTW	Mittleres Niedrigwasser	MLW	*Mean low water*	*Niveau de marée basse moyenne*
MNNW	Mittleres Nippniedrigwasser	MLWN	*Mean low water neap*	*Niveau de marée basse de morte-eau moyenne*
MSHW	Mittleres Springniedrigwasser	MLWS	*Mean low water spring*	*Niveau de marée basse de forte-eau*
SKN	Seekartennull, niedrigster möglicher Wasserstand	LAT	*Lowest astronomical tide*	*Niveau de la plus forte marée basse possible*

1

Zuerst...

Wie entdecke ich den Strand?

Das Meer ist der am wenigsten erforschte Lebensraum der Erde. Dieser Satz mag zunächst erstaunen, beherrschen wir doch die Navigation auf dem Meer seit Jahrhunderten. Auch bauen wir Rohstoffe im Meer ab, ernähren uns zum Teil aus dem Ozean und gewinnen Energie aus dem Meer. 1960 tauchten Jacques Piccard und Don Walsh an Bord der *Trieste* bis zur tiefsten Stelle des Challenger-Tiefs im Marianengraben in fast 11.000 Meter Tiefe ab. Wir wissen, dass es viel mehr Arten im Meer gibt als die derzeit beschriebenen 242.000 (Schätzung 2022 *World Register of Marine Species WoRMS*).

Und doch: Von den allermeisten Tier- und Pflanzenarten des Meeres kennen wir bestenfalls einen – meist nichtssagenden – Namen. Über die Art der Fortpflanzung dieser Arten, über ihre Lieblingsnahrung, ihre Kommunikationsmöglichkeiten oder ihre sozialen Verhältnisse wissen wir nur in den seltensten Fällen Konkretes. Diejenigen Fischarten, die wir täglich essen, sind die bestuntersuchten Arten des Meeres. Die Nutzung und die Übernutzung der Meere haben von Beginn an die Führung gegenüber dem Wissen über das Meer behalten. Der globale Ozean wird ausgebeutet ohne die nötige Kenntnis darüber, was wir mit unseren Aktivitäten anrichten. Je mehr wir über das Meer wissen, desto besser können wir lernen, in der Zukunft vernünftig damit umzugehen (Abb. 1.1).

T. Jermann, *Strandführer Atlantikküste und Ärmelkanal*, https://doi.org/10.1007/978-3-662-71235-1_1

Abb. 1.1 Was lebt hier?

Ein gemütlicher Strandspaziergang ist ideal, um das Meer kennenzulernen. Ohne komplizierte Ausrüstung lässt sich die Artenvielfalt bequem und ohne zu tauchen beobachten. Ein Spaziergang am Strand ist erholsam und regt alle unsere Sinne an. Es tauchen sofort Fragen auf. Was liegt da am Strand? Ist das ein Tier oder eine Pflanze? Wie – und wo – hat dieses Tier gelebt?

Die verschiedenen Lebensräume der Atlantikküste wie **Sandwatt**, **Felswatt**, **Steilküste**, **Flussmündung** oder **Salzwiese** werden in diesem Buch nacheinander behandelt. Wenn Sie sich auf einem Sandstrand aufhalten, werden Ihnen die Seiten zu diesem Thema am ehesten bei der Beantwortung Ihrer Fragen helfen. Wenn Sie in einem Gezeitentümpel herumjagende Fische bestimmen möchten, dann wenden Sie sich den Abschnitten zu den Gezeitentümpeln oder den Fischen zu.

Für das Verständnis eines Atlantikstrandes sind die Kapitel zur Entstehung und zu den Auswirkungen der Gezeiten hilfreich, und wenn Sie bloß im Spülsaum nach Angeschwemmtem suchen, dann werden Sie im entsprechenden Kapitel fündig.

Der kleine Strand-Knigge

Damit man beim „Forschen" am Strand möglichst keinen Schaden an Tieren, Pflanzen und Lebensraum anrichtet, sollte man an die folgenden Punkte denken:

- Drehe Steine, die du umgewendet hast, wieder in die ursprüngliche Position. Sie bieten den Tieren Schutz und Versteckmöglichkeiten. Ihre Unterseiten sind von Tieren besiedelt, die nur *unter* Steinen überleben können. Die Oberseite der Steine, die vorwiegend von der Sonne beschienen ist, ist meist daran zu erkennen, dass Algen darauf wachsen.
- Pass auf, wohin du trittst. So verhinderst du, allzu viele Tiere und Pflanzen unter deinen Stiefeln zu schädigen. Ganz verhindern lässt sich dies leider nicht immer. Zum Glück wachsen die meisten Meeresorganismen sehr schnell und in hoher Individuenzahl nach.
- Lass angewachsene Tiere und Pflanzen an ihrem Platz. Napfschnecken, Seeanemonen und auch Algen überleben nach dem gewaltsamen Lösen vom Untergrund meist nicht.
- Bring alle Tiere wieder an den Ort zurück, an dem du sie gefunden hast. Vielleicht bewachen sie ein Territorium oder ein Gelege. Sie überleben eventuell an einem anderen Ort nicht.
- Vorsicht bei kurzzeitiger Hälterung in einem Kessel oder Aquarium. Du solltest das Wasser regelmäßig austauschen und kühl halten. Nicht in der Sonne stehen lassen. Keine Tiere zusammen in einen Behälter geben, die sich Schaden zufügen könnten. Am besten bringt man die Tiere gleich nach der Beobachtung wieder in ihren angestammten Lebensraum zurück.
- Keine großen Kescher verwenden. Langstielige und große Kescher sind unhandlich und richten im Gezeitentümpel Schaden an. Am besten kleine Aquariumkescher verwenden.
- Keinen Abfall hinterlassen. Falls du Abfall am Strand oder in den Gezeitentümpeln findest, dann bring ihn zu den bereitstehenden Abfallbehältern. In Frankreich heißen diese *bacs à marée* (Abb. 1.2).

Abb. 1.2 In Frankreich ist die *Pêche à pied* sehr beliebt

Ausrüstung für das optimale „Rock-Pooling"

Die Tiere und Pflanzen der Strände sind faszinierend und oft berauschend schön! Es lohnt sich, sie aus der Nähe zu beobachten. Dazu gibt es gute, kleine und günstige Hilfsmittel, die man am besten gleich mit an den Strand nimmt. Die richtige Ausrüstung macht das *Rock-Pooling*, das Stöbern in und rund um Gezeitentümpel oder am Sandstrand zum Vergnügen. Dazu gehören unter anderem:

- **Gezeitentabelle und Wetterbericht**: So wird man nicht von steigendem Wasser oder gefährlichen Stürmen überrascht.
- **Gummistiefel oder Wathosen** verhindern nicht nur Nässe, sie schützen auch die Knöchel, Waden und Füße vor den scharfen Kanten der Felsen oder den Schalen von Austern oder Seepocken.
- **Kessel und kleine transparente Behälter** helfen, die Organismen zu beobachten und zu bestimmen.
- Kleine, **kurzstielige Aquariumnetze**, um Tiere aus Gezeitentümpeln zu fangen.

- **Lupe**, **Stirnlupe** oder **Botanikerlupe** mit etwa 10-facher Vergrößerung, um die Details zu erkennen.
- **Kamera** mit Makroobjektiv, notfalls auch Handykamera. Die meisten Tiere des Litorals zeigen ihre wahre Pracht erst aus der Nähe!
- **Feldstecher** für entfernte Tiere oder Objekte.
- **Knieschoner** oder **Kniepolster** aus dem Gartenbedarf. Damit kann man sich auch auf scharfkantigen Felsen hinknien.
- **Notizbuch und Bleistift**. Bleistifte schreiben auch auf nassem Papier, sogar unter Wasser!
- Große und kleine **Pipetten**. So lassen sich kleine Tiere, Algen oder Mikroorganismen aus dem Meer gut unter die Lupe oder das Mikroskop bringen (Abb. 1.3).

Abb. 1.3 So sieht ein gut ausgerüsteter „Strandforscher" aus! Haroun Frick ist Algologe, siehe Kap. 16

Richtig dokumentieren

Folgendes kann/soll dokumentiert werden, damit man auch nach Jahren noch weiß, welche Tiere man wo gesehen hat:

- Datum
- Ort, Name des Strandes, lokale Bezeichnung, evtl. geografische Länge und Breite
- Strandabschnitt: *Supralitoral*, *Eulitoral*, *sublitorale Randzone* usw., Höhe über Mittelwasser
- Wissenschaftlicher Artname, Anzahl gesichteter Individuen
- Habitatbeschreibung (Sandwatt, Gezeitentümpel felsig im *Pelvetia*-Gürtel usw.)

Von Stämmen, Klassen und Ordnungen

An den europäischen Küsten kommen Vertreter von beinahe allen bekannten Tierstämmen vor. Einige davon – die in diesem Buch besonders wichtig sind – werden hier tabellarisch aufgelistet. Die klassische zoologische Systematik ordnet alle bekannten Arten hierarchisch ein (Tab. 1.1). Dabei folgen sich die Kategorien in absteigender Weise: **Stamm** → **Klasse** → **Ordnung** → **Familie** → **Gattung** → **Art** (Tab. 1.1)

Ein „Grüner Schleimfisch" (*Lipophrys pholis*) aus einem Gezeitentümpel wird beispielsweise folgendermaßen klassifiziert:

Stamm: Chordatiere (*Chordata*)

→ **Klasse**: Knochenfische (*Teleostei*)

→ **Ordnung**: Schleimfischartige (*Blenniiformes*)

→ **Familie**: Schleimfische (*Blenniidae*)

→ **Gattung**: Schleimfisch (*Lipophrys*)

→ **Art**: Grüner Schleimfisch (*Lipophrys pholis*)

Tab. 1.1 Die wichtigsten Stämme, Klassen und Ordnungen von Meerestieren der Strände

Tierstamm	*Wissenschaftliche Bezeichnung*	*Klasse, Ordnung oder Beispiele*	*Wissenschaftliche Bezeichnung*
Schwämme	***Porifera***	Kalkschwämme	*Calcarea*
		Hornkieselschwämme	*Demospongia*
Nesseltiere	***Cnidaria***	Hydrozoen	*Hydrozoa*
		Schirmquallen	*Scyphozoa*
		Blumentiere/Korallen	*Anthozoa*
Plattwürmer	***Plathelminthes***	Strudelwürmer	*Turbellaria*
Schnurwürmer	***Nemertini***	Grüner Schnurwurm	*Anopla*
Ringelwürmer	***Annelida***	Vielborster	*Polychaeta*
Igelwürmer	***Echiuroidea***	Igelwurm	*Echiura*
Spritzwürmer	***Sipunculidea***	Spritzwurm	*Sipunculidea*
Weichtiere	***Mollusca***	Käferschnecken	*Polyplacophora*
		Schnecken	*Gastropoda*
		Kahnfüßer	*Scaphopoda*
		Muscheln	*Bivalvia*
		Kopffüßer	*Cephalopoda*
Gliedertiere	***Arthropoda***	Krebstiere	*Crustacea*
		Rankenfüßer	*Cirripedia*
		Asseln	*Isopoda*
		Zehnfußkrebse	*Decapoda*
		Hundertfüßer	*Chilopoda*
		Insekten	*Colembola*
		Asselspinnen	*Pantopoda*
Moostiere	***Bryozoa***	Seerinde	*Membranipora*
Stachelhäuter	***Echinodermata***	Seesterne	*Asteroidea*
		Schlangensterne	*Ophiuroidea*
		Seeigel	*Echinoidea*
		Seegurken	*Holothuroidea*
Chordatiere	***Chordata***	Seescheiden	*Ascidiacea*
		Knorpelfische	*Elasmobranchii*
		Knochenfische	*Actinopterygii*
		Lurche	*Amphibia*
		Kriechtiere	*Reptilia*
		Vögel	*Aves*
		Säugetiere	*Mammalia*

Teil I

Das Meer als Lebensraum

2

Die großen marinen Lebensräume

Zusammenfassung Die Ozeane werden in mehrere Bereiche, sogenannte „Räume", gegliedert. Diese können aus vielen verschiedenen Lebensräumen und Ökosystemen zusammengesetzt sein. Ein Ökosystem besteht immer aus dem unbelebten Lebensraum und den darin gedeihenden Lebensgemeinschaften.

Der ozeanische Raum – großes, strukturloses Blau

Die Hochsee außerhalb der Kontinentalsockel – das *ozeanische Pelagial* – ist der *ozeanische Raum*. Er reicht von der Meeresoberfläche bis in die Tiefsee. Lichtdurchflutet (*photisch*) ist nur die oberflächliche Wassersäule, das *Epipelagial*; dämmrig ist das *Mesopelagial*. Darunter – im *Bathy-* und *Abyssopelagial* – herrscht völlige Dunkelheit (*aphotisch*). In aller Regel liegt das *ozeanische Pelagial* über einer ozeanischen Erdkruste. In der Hochsee gibt es außer dem Meeresboden oder gelegentlichen Inseln keine räumlichen Beschränkungen; die Umgebung ist völlig unstrukturiert.

Die Bodenbereiche des ozeanischen Raums heißen *Bathyal* (=Tiefseeebenen, bis 4000 m), *Abyssal* (Tiefseesenken, 4000–6000 m) und *Hadal* (ab 6000 m, Tiefseegräben).

T. Jermann, *Strandführer Atlantikküste und Ärmelkanal*,
https://doi.org/10.1007/978-3-662-71235-1_2

Der neritische Raum – die Üppigkeit des Meeres

Als *neritischen Raum* bezeichnen wir diejenigen küstennahen Gebiete des Meeres, die über dem Kontinentalsockel, dem *Schelf*, liegen. Schelfgebiete sind meist bis 200 m tief, nährstoffreich und von Sonnenlicht durchdrungen. Hier trifft man deshalb auch auf die größte Arten- und Individuenzahl an Meerestieren und Meerespflanzen.

Zum neritischen Raum gehören auch die Küstenzone, das *Litoral*, und das sich darunter anschließende *Sublitoral*. Das *neritische Pelagial* liegt noch auf dem Kontinentalsockel. Die benthischen Tiefseebereiche sind das Bathyal, das Abyssal sowie das Hadal, das in die tiefsten Tiefseegräben reicht (Abb. 2.1).

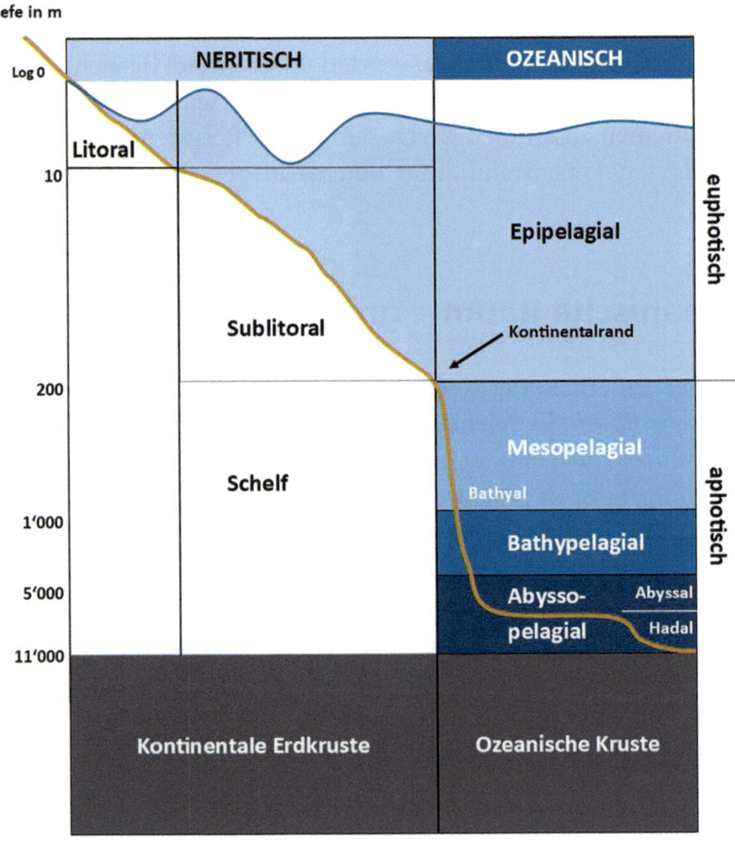

Abb. 2.1 Gliederung eines Ozeans in Lebensräume

Das Litoral – Leben zwischen Meer, Land und Luft

Litoral bezeichnet die Küstenregion des Meeres oder die Uferregion von Süßgewässern. Das *Litoral* des Meeres liegt im Einflussbereich der Gezeiten, der Dünung und der Brandung. Es ist lichtdurchflutet und deshalb sehr produktiv. Im Litoral wird viel Biomasse aufgebaut. Meeresregionen mit ausreichend Licht für Photosynthese nennt man *photische* Bereiche. Das Litoral gehört zur Bodenzone (*Benthal*) des Meeres und ist von einer sehr artenreichen Fauna und Flora belebt.

Bei Gewässern, die von Gezeiten beeinflusst werden, nennen wir das Litoral *Gezeitenzone*. Den bei Ebbe trockenfallenden Bereich einer Gezeitenzone nennt man *Watt*. So können je nach Untergrund *Sandwatt*, *Felswatt* oder *Schlickwatt* unterschieden werden.

Das *Litoral* bezeichnet folglich jenen Küstenbereich, der dem Einfluss der Gezeiten direkt unterliegt, d. h. den Bereich zwischen dem mittleren tiefsten Wasserstand bei Springflut (MTWS) und dem mittleren höchsten Wasserstand bei Springflut (MHWS). Zum Litoral gehört ebenso die Spritzzone (*Supralitoral*), die zwar nicht regelmäßig überflutet, aber in Abhängigkeit von Wellengang und Windverhältnissen immer wieder von salzigem Meerwasser befeuchtet wird und daher einen ganz speziellen terrestrischen Lebensraum darstellt. Das Litoral schreibt sich im Französischen und Englischen mit Doppel-T: *littoral*.

Vertikale Gliederung des Litorals

Es ist sinnvoll, das Litoral in unterschiedliche Höhenstufen einzuteilen, die im Monatsverlauf ganz unterschiedliche Umweltbedingungen für die Litoralbewohner bieten. Die diversen Litoralzonen fordern die Anpassungsfähigkeiten der Tiere und Pflanzen in unterschiedlichem Maß heraus. Das Litoral gliedern wir deshalb vertikal in Zonen (Abb. 2.2).

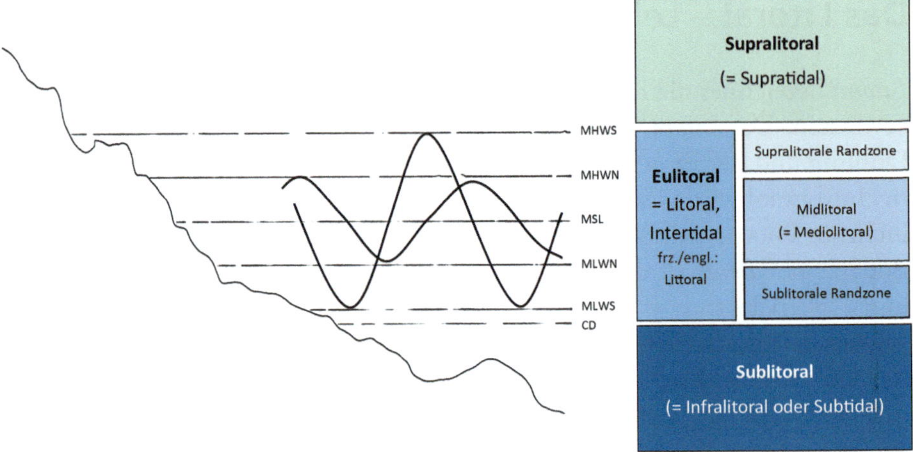

Abb. 2.2 Schematische Gliederung des Litorals: MHWS = mittlerer höchster Wasserstand bei Springflut. MHWN = mittlerer höchster Wasserstand bei Nippflut. MNWN = mittlerer niedrigster Wasserstand bei Nippflut. MNWS = mittlerer niedrigster Wasserstand bei Springflut. Die sinusförmigen Kurven stellen den Verlauf der Gezeiten bei Spring- bzw. Nippflut dar

Das Supralitoral

Oberhalb des direkten Einflusses der Gezeiten (Wasserspiegel inkl. Wellengang) liegt das *Supralitoral* (auch *Supratidal*), das je nach topografischen Bedingungen eine Spritzzone ausbildet. Oberhalb und in der Spritzzone bildet sich meist eine typische, salztolerante Küstenvegetation, die ebenfalls noch einem gewissen Einfluss des Meeres unterworfen ist. Meerestiere finden sich in aller Regel oberhalb der Spritzzone nur in Ausnahmefällen (Abb. 2.3).

Abb. 2.3 **a** Supralitoral: Grüngraue Astflechte *Ramalina siliquosa,* **b** Strand-Grasnelke *Armeria maritima*

Das Eulitoral

Das *Eulitoral*, „die eigentliche Gezeitenzone", ist der Bereich zwischen den Gezeitenständen und den Brandungswellen. Die Vertikalerstreckung ist stark variabel und hängt ab vom Tidenhub und der Brandungsexposition. Sie kann im Extremfall mehr als 20 m betragen. Meist bleibt sie unter zwei Metern. Unterhalb des *Eulitorals* grenzt sich das *Sublitoral* an, oberhalb das *Supralitoral.*

Das *Eulitoral* wird oft auch als *Intertidal* oder schlicht *Litoral* bezeichnet. Es lässt sich in drei biologisch sehr wichtige Bereiche weiter unterteilen:

Die *supralitorale Randzone* erstreckt sich zwischen MHWN und MHWS und wird nur bei Springtiden überflutet. Hier entstehen bei Nipptiden längere Trockenphasen oder frisches Meerwasser.

Das Midlitoral bildet die mittlere der drei Zonen und ist täglich im Bereich des Einflusses der Gezeiten. Das Midlitoral wird also täglich überflutet und trockengelegt. Es liegt zwischen MNWN und MHWN.

Die sublitorale Randzone erstreckt sich zwischen MNWS und MNWN und fällt lediglich bei Springtiden trocken (Abb. 2.4).

Bei Nipptiden wird ausschließlich das Midlitoral von den Gezeiten täglich zweimal trockengelegt und überflutet. Die *sublitorale Randzone* bleibt von Wasser bedeckt, die supralitorale Randzone bleibt trocken. Bei Springtiden ist das gesamte Eulitoral von den Tiden direkt betroffen.

Innerhalb der Eulitorals bilden sich vor allem in felsigen Abschnitten sogenannte Gezeitentümpel (CH und F „Cuvette"), in denen sich hoch spezialisierte Tier- und Pflanzengemeinschaften ausbilden (siehe Gezeitentümpel).

Abb. 2.4 Bei Ebbe werden oft ausgedehnte Algenbestände freigelegt

Das Sublitoral

Das *Sublitoral* (auch: Subtidal oder Infralitoral) bildet die untere Begrenzung des Litorals. Es wird nur bei speziellen meteorologischen und astronomischen Bedingungen teilweise freigelegt. Ansonsten herrschen hier aquatische Bedingungen, die mit relativ konstanten physikalisch-chemischen Verhältnissen einen recht stabilen Lebensraum bilden. Bei Ebbe herrscht hingegen in den obersten Sublitoralbereichen eine hohe Wellenenergie (Abb. 2.5).

Abb. 2.5 Oft findet man auch Arten des Sublitorals am Strand. Stürme und Meeresströmungen können solche Arten verfrachten. Pilgermuschel *Pecten maximus*

3

Die marinen Lebensgemeinschaften

Zusammenfassung Das Weltmeer unterteilen wir in fünf Ozeane: den Pazifischen, den Indischen, den Atlantischen, den Arktischen und den Antarktischen Ozean. Alle Ozeane stehen untereinander durch Strömungssysteme im Austausch. Diese Strömungen sorgen auch für eine vertikale Umschichtung und so für enorme Verfrachtungen von Nährstoffen, Wärme, Kälte oder Organismen. Die Meeresströmungen gehören zu den wichtigsten Eigenschaften der Ozeane. Sie werden von den meisten Lebewesen des Meeres genutzt, um sich fortzubewegen, sich fortzupflanzen oder um Nahrung zu gewinnen. Plankton umfasst die Gesamtheit der meist kleinen, im freien Wasserraum treibenden oder schwebenden Lebewesen (*Plankter, Planktonten*), die sich eigenständig nicht bedeutend fortbewegen können. Viele Plankter sind aber fähig, die Tiefe ihres Aufenthaltsortes zu ändern. Es gibt auch riesige Plankter wie die Portugiesische Galeere *Physalia physalis* mit mehr als 20 m Länge. Die Gesamtheit der Organismen, die unmittelbar auf, über oder im Substrat leben, bezeichnen wir als Lebensgemeinschaft des *Benthos*. Der Lebensraum des Benthos heißt *Benthal*. Epibenthische Tiere (*Epifauna*) bewohnen die Oberfläche des Substrats, während die grabenden Organismen als endobenthisch oder *Infauna* zusammengefasst werden. Vergleiche auch *Nekton* und *Plankton*. Nekton bezeichnet die Gesamtheit aller pelagischen Tiere, die geografische Distanzen selbstständig zurücklegen können, also zu einem strömungsunabhängigen Schwimmen befähigt sind.

Die Originalversion des Kapitels wurde revidiert. Ein Erratum ist verfügbar unter https://doi.org/10.1007/978-3-662-71235-1_20

T. Jermann, *Strandführer Atlantikküste und Ärmelkanal*, https://doi.org/10.1007/978-3-662-71235-1_3

In den Gewässern der Ozeane gedeihen die unterschiedlichsten Lebewesen. Nur die wenigsten davon sind für unser unbewehrtes Auge sichtbar. Erst unter dem Mikroskop oder durch molekularbiologische Untersuchungen wird klar, wie immens die Vielfalt im Meer ist. Das Meer ist der artenreichste Lebensraum der Erde. In einem Liter natürlichen Meerwassers können 20.000 verschiedene Lebensformen gefunden werden. Insgesamt unterscheidet man mittlerweile etwa 200.000 Arten, von denen man allerdings meist nur den Namen, das Aussehen, vielleicht die ungefähre geografische Verbreitung und in seltenen Fällen Details zur Lebensweise kennt. Die bestbekannten und besterforschten Bewohner der Meere sind diejenigen, die wir essen. Die Strömungen haben in der Stammesgeschichte seit dem Erdaltertum dafür gesorgt, dass die marinen Lebewesen direkt von den Meeresströmungen abhängig sind. Es haben sich drei große Lebensgemeinschaften herausgebildet, die völlig unterschiedliche Lebensweisen zeigen. Diese drei großen marinen Lebensgemeinschaften sind das *Nekton*, das *Plankton* und das *Benthos*.

Das Nekton – Schwimmen im Meer

Das *Pelagos* der Hochsee (*Pelagial*) umfasst sowohl *Nekton* als auch *Plankton*. Typische Vertreter des Nektons sind Meeressäuger wie Barten- und Zahnwale, Thunfische, Hochseehaie, Sardinen, Makrelen oder Schwertfische. Zum Nekton gehören vergleichsweise wenige Arten und Artengruppen, die aber oft in großer Zahl oder in Schwärmen vorkommen können. Das Nekton besteht aus den schnellen Prädatoren des Meeres und lebt von der enormen Produktivität des Planktons.

Außer den Wirbeltieren gibt es nur zwei weitere Stämme, die Arten des Nektons hervorgebracht haben. Dazu gehören die Gliederfüßer (*Arthropoda*) mit den Krebstieren (*Crustacea*), wobei vor allem Krill und andere Garnelen den Großteil ausmachen, sowie die Weichtiere (*Mollusca*) mit den zu den Kopffüßern (*Cephalopoda*) zählenden Kalmaren.

Die Fische des Meeres nehmen innerhalb des Nektons eine dominierende Stellung ein. Sie bilden die artenreichste Gruppe und, gemeinsam mit den Kopffüßern, den größten Teil der Biomasse des Nektons.

Das Nekton ist vielfältig und kommt in allen Klimazonen vor. Eisbären beispielsweise zählen auch zum Nekton, denn sie verbringen den Großteil ihres Lebens auf dem Meereis und sind zudem ausgezeichnete Schwimmer.

Nektische Artengruppen

Das Nekton wird vornehmlich aus Arten gebildet, die aus (lediglich) drei Tierstämmen kommen:

- Zehnfußkrebse (Gliedertiere *Arthropoda*)
- Kopffüßer (Weichtiere *Mollusca*)
- Knorpelfische (Chordatiere *Chordata*)
- Knochenfische (Chordatiere *Chordata*)
- Meeresreptilien (Chordatiere *Chordata*)
- Meeresvögel (Chordatiere *Chordata*)
- Meeressäuger (Chordatiere *Chordata*)

Plankton – Treiben im Meer

Die meisten Meerestiere gehören für einen Teil ihres Lebens zum Plankton. Sie lassen sich von den Meeresströmungen transportieren, was einige Vorteile mit sich bringt: Die Meeresorganismen entfernen sich automatisch von ihren Elterntieren und treten nicht mit ihnen in Nahrungskonkurrenz. Außerdem erleichtert die Strömung das Auffinden von neuen Lebensräumen und Habitaten, ohne dass die Tiere für die Suche erhebliche Energie aufwenden müssten. Planktonorganismen sind meist klein und in riesiger Anzahl im Wasserkörper vorhanden.

Die Einwanderung von Individuen ins Litoral erfolgt fast immer über Larven, die mit den Meeresströmungen herangetragen werden. Auch die Litorallebewesen durchlaufen in ihrem Leben ein planktonisches Stadium, das von ganz unterschiedlicher Dauer sein kann. Aber es gibt Ausnahmen: Die Pferdeaktinie *Actinia equina* produziert beispielsweise fixfertige Jungtiere, die kein planktonisches Larvenstadium zeigen. Sie brütet die Eier in ihrem Körper so lange aus, bis kleine Abbilder der Erwachsenen entstanden sind. Der Polster-Seestern *Asterina gibbosa* brütet seine Jungen unter Steinen des Litorals aus, und bei der Nordischen Purpurschnecke *Nucella lapillus* schlüpfen fixfertige Junge aus an den Felsen festgeklebten Eibehältern. Auch hier existiert kein pelagisches Larvenstadium.

Das Zooplankton, das aus tierischen Organismen besteht, zeigt zwei typische, grundverschiedene Lebenszyklen. Manche Zooplankter leben jederzeit als Planktontiere, andere treiben nur in bestimmten Lebensabschnitten durchs Meer. Sie siedeln vielleicht später am Meeresgrund oder an der Küste oder machen aktive Wanderungen als Tiere des Nektons.

Das **Holoplankton** besteht aus Arten, die ihr gesamtes Leben – von der Eizelle bis zum geschlechtsreifen Individuum – planktonisch durchlaufen. Dazu gehören zum Beispiel Pfeilwürmer (*Chaetognatha*) oder Salpen (*Thaliacea*). Die Holoplankter sind im Meer in der Unterzahl.

Zum **Meroplankton** zählen wir Arten, die einen Teil ihres Lebenszyklus als Entwicklungsstadien, zum Beispiel Larven oder auch Eier bzw. Gelege (Leuchtgarnelen, Krill *Euphausiacea*, Flügelschnecken *Pteropoda*) im Plankton verbringen, sonst aber dem Benthos (Benthal) oder Nekton zuzurechnen sind. Dies entspricht 70–90 % der Arten aller marinen Wirbellosen (Abb. 3.1).

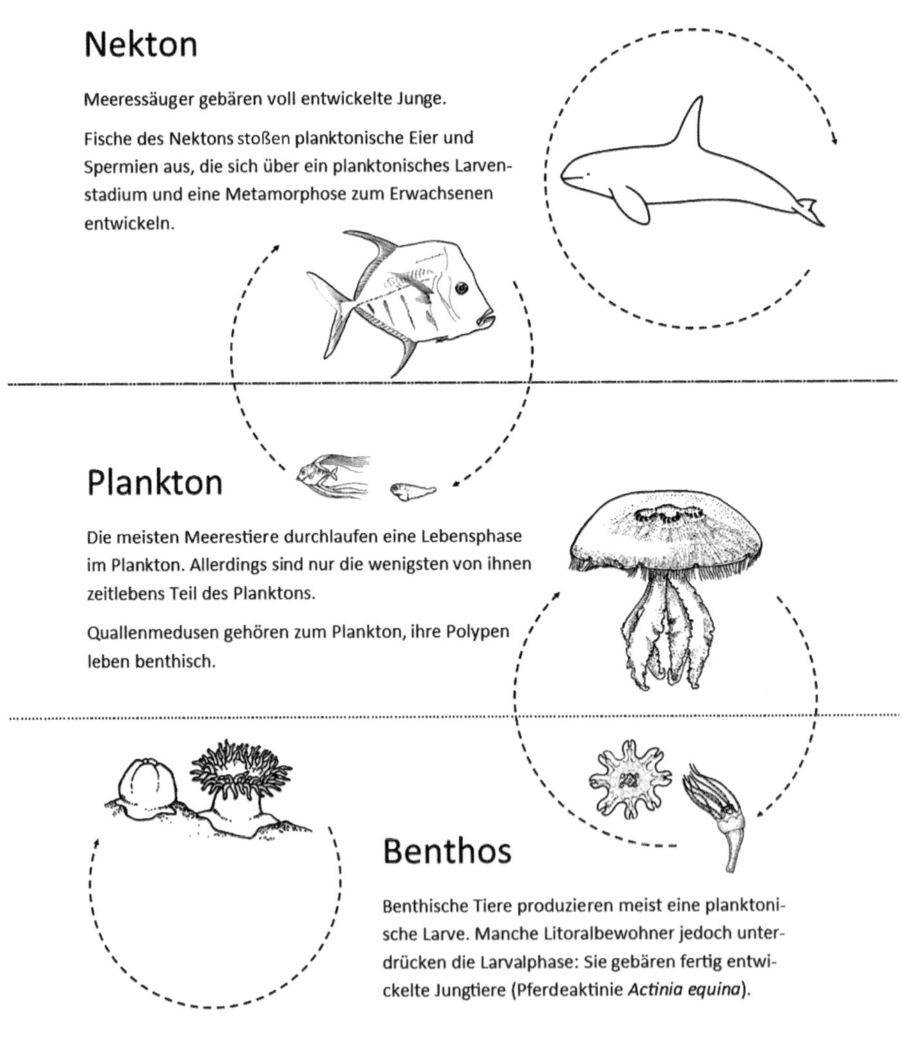

Abb. 3.1 Plankton, Benthos und Nekton stehen in enger Beziehung zueinander

Meroplankton

Die Mehrzahl der marinen Invertebraten vermehrt sich über planktonische Larven, die für Wochen oder Monate als Plankton im Meer treiben und danach die Erwachsenenform annehmen (*Meroplankton*). Es gibt einen nichtobligaten Zusammenhang zwischen Eigröße und Lebenszyklus: Arten mit Eiern, die kleiner sind als 150–180 µm, zeigen in der Regel eine planktonische Larvenphase.

Viele benthische Arten haben einen diphasischen Lebenszyklus mit einem pelagischen Larvenstadium, das große morphologische Unterschiede zum nachfolgenden Adultstadium aufweist. Die Larvenstadien sind meist aktive Schwimmer, können schweben und sind oft durchsichtig (Abb. 3.2).

Da Planktontiere sich von anderen Planktontieren (*Zooplankton*) oder von pflanzlichem Plankton (*Phytoplankton*) ernähren, ist die Chance, gefressen zu werden, sehr hoch. Planktontiere begegnen den hohen Verlusten mit großer Nachkommenschaft. Eine einzelne Pazifische Auster (*Magallana gigas*) stößt bis zu 100 Mio. Eier aus. Der Seestern *Asterias rubens* entlässt pro Saison 2,5 Mio. Eier oder 200 Mio. Spermatozoen.

Die Befruchtungsrate der küstennahen Benthos-Tiere ist aufgrund ausgeklügelter physiologischer Mechanismen erstaunlich hoch. Erreicht wird dies vor allem durch zeitliche und räumliche Synchronisation der Sexualität sowie durch geruchliche Attraktion. Die Mortalität des Meroplanktons hingegen ist sehr hoch, bedingt durch fehlendes Futterangebot, falsche Temperatur, Transport ins offene Meer, Unfähigkeit, ein passendes Siedlungsgebiet zu finden, oder Prädation. Die Prädation ist wohl der signifikanteste Mortalitätsfaktor im Plankton.

Abb. 3.2 Schwebegarnelen der Gattung *Mysis*

Planktonische Prädatoren:
Quallen (*Scyphozoa*), Hydromedusen (*Hydrozoa*), Staatsquallen (*Siphonophora*), Rippenquallen (*Ctenophora*), Krebstiere (*Crustacea*) und andere wirbellose Tiere, Fischlarven.

Benthische Prädatoren:
vor allem sessile Filtrierer wie Muscheln, Wurm- (*Polychaeta-*) Gemeinschaften, koloniale Seescheiden (Ascidien) oder Seepocken. Eine einzige Miesmuschel kann täglich 100.000 Larven aus dem Wasser filtrieren.

Holoplankton

Zum Holoplankton gehören Organismen, die ihren gesamten Lebenszyklus treibend verbringen. Beispiele für Holoplankter sind Kieselalgen/Diatomeen *Bacillariophyta*, Strahlentierchen/Radiolarien *Radiolaria*, manche Dinoflagellaten, Foraminiferen/Kammerlinge *Foraminifera*, Flohkrebse *Amphipoda*, Krill *Euphausiacea*, Ruderfußkrebse *Copepoda* und Salpen *Thalicea*. Außerdem gibt es einige wenige Gastropoden-Holoplankter wie die Flügelschnecken *Pteropoda*. Holoplankton lebt pelagisch und spielt deshalb im – benthischen – Litoral eine untergeordnete Rolle, beispielsweise als Nahrung für die Litoraltiere.

Systematische Einteilung des Planktons

Das Plankton kann anhand der systematischen Einteilung in *Virioplankton* (Viren), *Bakterioplankton* (Bakterien), *Mykoplankton* (Pilze), *Phytoplankton* (Algen) oder *Zooplankton* (Tiere) untergliedert werden. Planktonorganismen gibt es in allen Abteilungen von Lebewesen und in fast allen Tierstämmen. Die Größe eines Tieres ist für seine Zugehörigkeit zum Plankton nicht entscheidend (Tab. 3.1).

Tab. 3.1 Einteilung des Planktons in verschiedene Größenklassen und Artengruppen

-Plankton	Femto- 0,02–0,2 µm	Pico- 0,2–2,0 µm	Nano- 2,0–20 µm	Mikro- 20–200 µm	Meso- 0,2–20 mm	Makro- 2–20 cm	Mega- 20–200 cm
Virio-							
Bakterio-							
Myko-							
Phyto-							
Protozoo-							
Zoo-							

Anpassungen des Planktons

Planktonorganismen weisen anatomische Anpassungen auf, die im Zusammenhang mit der Dichte und Viskosität des Umgebungswassers stehen. Planktonten treiben zwar durchs Meer, sie neigen allerdings meist dazu, langsam abzusinken. Die Dichte der Planktonorganismen ist leicht höher als die des Meerwassers. Das Gesetz von Stokes (*Sir George Gabriel Stokes*, irischer Mathematiker, 19. Jahrhundert) besagt, dass kleine Körper langsamer absinken als größere Körper gleicher Form. Planktonten verringern ihre Sinkgeschwindigkeit, um nicht in gefährliche Tiefen abzusinken. Sie erreichen dies durch verschiedene Strategien. Viele erhöhen ihren Formwiderstand: Sie sind in der Regel klein, abgeflacht oder stark gestreckt. Außerdem haben sie Borsten und andere Schwebefortsätze. Das hat oft bizarre Körperformen zur Folge. Manche Arten wie Salpen oder Staatsquallen bilden bänder- oder kettenförmige Kolonien aus aneinandergelagerten Individuen. Gemeinsam kann man sich besser in Schwebe halten. Andere Arten vermindern ihr Übergewicht durch Einlagerung von Luft, Gasen, Fetten oder Ölen, durch Reduktion von Kalkeinlagerungen in ihren Skeletten und Schalen sowie durch Bildung von Gallerten und erhöhtem Wassergehalt. Viele Planktonorganismen sind zudem transparent. Die Transparenz bewahrt die Planktonten zwar nicht vor dem Absinken, schützt sie aber vor Feinden: Sie sind für optisch jagende Feinde nur sehr schwer erkennbar.

Vertikalwanderungen

Viele Algen und Zooplankter wandern vertikal durch die Wassersäule. Auslöser der Vertikalwanderungen sind meist das Licht und die Temperatur des Wassers. Das Licht bestimmt in der Regel auch die Richtung der Wanderung. Es gibt sogenannte tagesperiodische Wanderungen und solche, die im Verlauf der Individualentwicklung des Plankters erfolgen. Viele Ruderfußkrebse *Copepoda* leben als Juvenile in den Oberflächenschichten, als Adulte jedoch in größeren Tiefen.

Viele Arten wandern in der Abenddämmerung zur Oberfläche und kehren in den Morgenstunden wieder in die Tiefen zurück. Einige Planktonten vertragen offenbar keine großen Lichtmengen, andere meiden durch ihre Wanderungen Räuber. Konsumenten des Phytoplanktons wandern nachts zum Fressen an die Oberfläche und tauchen bei Tag wieder ab. Sie transportieren so mit ihren Stoffwechselausscheidungen Nährstoffe in tiefere Wasserschichten. Oberflächen- und Tiefenströmungen verlaufen nie gleich; ihre

Richtungen und Geschwindigkeiten unterscheiden sich immer. So ist es äußerst unwahrscheinlich, dass Planktontiere in aufeinanderfolgenden Nächten in denselben Wasserkörpern fressen. Dadurch wird erstens ihre Nahrungsressource geschont und zweitens ihre Ausbreitung gefördert.

Phytoplankton

Im Meer entsteht Biomasse in den obersten Wasserschichten. Das *Phytoplankton* stellt dabei den Hauptteil der Primärproduzenten. Es besteht aus mehreren Taxa von Photosynthese treibenden Mikroalgen in der lichtdurchfluteten *photischen Zone* des Meeres. Solange genug Nährstoffe verfügbar sind und annehmbare Temperatur- und Lichtbedingungen herrschen, reproduzieren sich die vornehmlich einzelligen Algen sehr schnell und können extreme Dichten erreichen. Sie besitzen ein optimales Oberflächen-Volumen-Verhältnis, was die Aufnahme von Nährstoffen und den Gasaustausch positiv beeinflusst. Meist dominieren Kieselalgen (*Diatomeen*) das Mikroplankton, sowohl hinsichtlich der Individuen- als auch der Artenzahl. Die Populationen wachsen im Frühling mit den länger werdenden Tagen schnell heran; nur die Menge an verfügbarem Silizium beschränkt das Wachstum. In tropischen und subtropischen Regionen werden im Sommer und Herbst die einzelligen Panzergeißler (*Dinoflagellaten*) dominant. Kieselalgen (*Bacillariophyta*), Dinoflagellaten/Panzergeißler (*Dinophyceae*), Cyanobakterien (*Cyanobacteria*, früher „Blaualgen") und Kalkflagellaten (*Coccolithophorida*) bilden die Basis für viele marine Nahrungsnetze. Man findet bisweilen bis zu 50.000 Zellen pro Liter Meerwasser. Das Phytoplankton macht über 90 % der marinen Biomasse aus.

Zooplankton

Die vom Phytoplankton erzeugte Biomasse ist für kleine Tiere des Zooplanktons ein ideales Futter: Es ist allgegenwärtig und oft in großen Mengen verfügbar. Zooplankton ist generell *heterotroph*, produziert seine Nahrung also nicht selbst wie die *autotrophen* Pflanzen. Das kleinste Zooplankton ernährt sich hauptsächlich von Phytoplankton, das vom Sonnenlicht direkt abhängig ist. Dies zwingt die meisten Zooplankton-Arten, ebenfalls in die lichtdurchflutete *photische Zone* aufzusteigen. Die Hauptkonzentration von Zooplankton liegt in den obersten 200 m unter der Wasseroberfläche.

Abb. 3.3 Die Strandkrabbe *Carcinus maenas* betreibt Brutpflege: Die vielen tausend Eier werden vom Weibchen unter dem Bauch getragen, bis die Larven schlüpfen. Danach leben die Larven in mehreren Stadien im Plankton

Krebstiere *Crustacea* dominieren das Zooplankton: Wasserflöhe *Cladocera/Onchyura*, Muschelkrebse *Ostracoda*, Ruderfußkrebse *Copepoda*, Rankenfüßer *Cirripedia*, Schwebegarnelen *Mysidacea*, Flohkrebse *Amphipoda*, Krill *Euphausida* und Zehnfußkrebse *Decapoda* sind die wichtigsten Artengruppen des Zooplanktons. Die Ruderfußkrebse sind darunter die häufigsten planktonischen mehrzelligen Tiere *Metazoa* (Abb. 3.3).

Einige Taxa bilden das sogenannte „gelatinöse Plankton" („*gelatinous plankton*"): Quallen *Scyphozoa*, Rippenquallen *Ctenophora*, holoplanktische Schnecken, Vielborsterwürmer *Polychaeta*, Seescheiden *Tunicata*, Salpen, Walzen *Pyrosoma* und Appendikularien *Larvacea* sowie Fischeier und Fischlarven. Ein hoher Wasser- und Salzgehalt und transparent-gelatinöse Körper sind typisch für das Zooplankton. Diese Tiere gehören auch zum „*marine snow*" – Ansammlungen von lebenden und toten Organismen, die teilweise über Wochen und Monate Richtung Meeresgrund sinken und damit enorme Mengen an Nährstoffen in die Tiefsee verfrachten.

Ernährungsweise pelagischer Larven

Planktotrophe Larven	ernähren sich von Plankton, meist phototrophem Plankton
Phototrophe Larven	ernähren sich von ihren eigenen Photosyntheseprodukten
Lecithotrophe Larven	zehren vom eigenen, im Ei vorhandenen Dottervorrat
Fakultativ planktotrophe Larven	besitzen zwar genügend Dotter, fressen aber Plankton, falls solches vorhanden ist

Der „Duft des Meeres"

Der charakteristische Duft an Meeresküsten hat mit „Salzluft" nichts zu tun, sondern ist ein Produkt des Planktons. Der Meeresduft entsteht durch den mikrobiellen Abbau von *Dimethylsulfoniumpropionat* DMSP, das von Mikroalgen gebildet wird. Es entsteht *Dimethylsulfid* DMS, das in die Atmosphäre aufsteigt. DMS wirkt auch oft als „Wolkenmacher", indem es als Kondensationskern fungiert. DMSP scheint Algen gegen Salinitätsschwankungen zu schützen und dient nebenher noch als potentes Frostschutzmittel.

Die Biomasse im Meer

Die für uns sichtbaren Lebewesen im Meer machen nur einen verschwindend kleinen Teil der Biomasse aus. 95–98 % der marinen Biomasse sind Planktonlebewesen. Der weitaus größte Anteil von Lebewesen im Plankton besteht mit rund 75 % aus einzelligen Pflanzen (*Phytoplankton*), ein Viertel ist *Zooplankton.* Rund sechs Gigatonnen Biomasse finden sich jederzeit im Meer. Das ist verglichen mit der Biomasse an Land von rund 470 Gigatonnen zwar wenig. Allerdings ist der Stoffumsatz im Meer ungleich größer: Die Biomasse im Meer wird wöchentlich rund einmal komplett umgesetzt, das heißt gefressen, zersetzt und neu geboren. Auf dem Land wird die Biomasse nur einmal alle 10–20 Jahre umgesetzt. Obwohl also im Meer nur ein Bruchteil der Gesamtbiomasse der Erde vorhanden ist, ist die Produktion von Biomasse übers Jahr fast identisch mit der Produktion an Land (Abb. 3.4)!

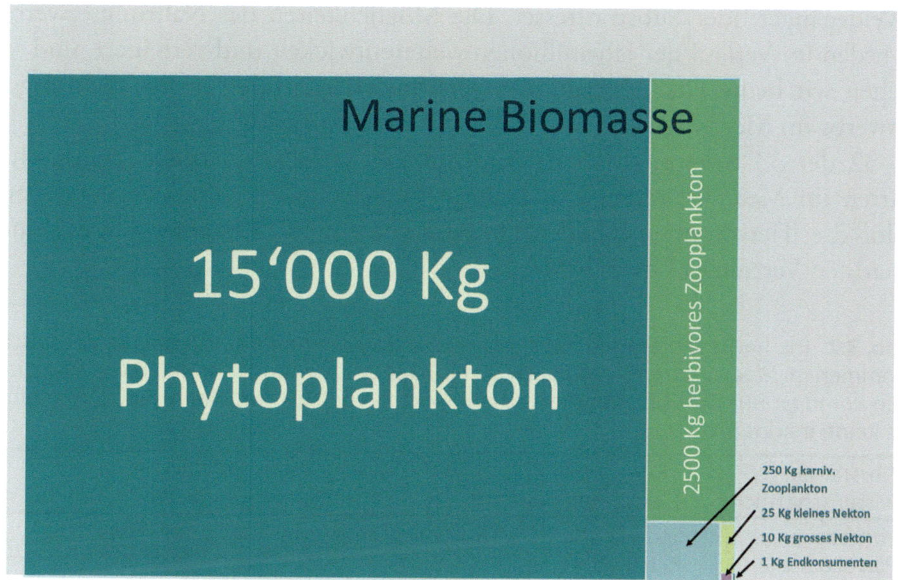

Abb. 3.4 Die Verhältnisse innerhalb der Biomasse im Meer: Um 1 kg Gewicht bei einem Endkonsumenten aufzubauen, frisst dieser 10 kg großes Nekton. Dieses benötigte 25 kg kleines Nekton, dieses fraß 250 kg karnivores Zooplankton. Dafür waren 2500 kg herbivores Zooplankton nötig, das selbst 15.000 kg Phytoplankton verschlang!

Das Benthos – Leben auf dem Meeresgrund

Benthische Organismen gehören zum sogenannten *vagilen* Benthos, wenn sie sich fortbewegen können. *Sessiles* Benthos hingegen ist am Untergrund angewachsen oder in ihn eingegraben oder verankert. Das Benthos der Sedimentböden/Sandböden heißt *Psammon.*

Das Benthos lässt sich anhand der Größe der Teilnehmer in Gruppen unterteilen:

Makrobenthos ist größer als 1 mm, **Meiobenthos** ist zwischen 1 mm und 0,1 mm groß, und **Mikrobenthos** ist kleiner als 0,1 mm (Tab. 3.3). Die Gliederung des Benthos in verschiedene Größengruppen variiert je nach Autor erheblich.

Typisch für benthische Tiere ist die sessile Lebensweise. Sie sind oft schlechte Schwimmer und entweder am Untergrund festgewachsen, festgekrallt oder angeklebt. Sie verankern sich in Felsspalten oder im sandigen Bodengrund und bilden kleinräumige Fortpflanzungs- und Nahrungsreviere.

Wer sich wie die sessilen Arten nicht vom Ort bewegt, der jagt auch nicht und ist darauf angewiesen, dass die Nahrung zu ihm kommt. Deshalb sind die meisten benthischen Meeresbewohner Filtrierer, Strudler, Planktonfresser,

Weidegänger oder Substratfresser. Die Möglichkeiten des Nahrungserwerbs wurden im Verlauf der Jahrmillionen weiterentwickelt und verfeinert, und so sehen wir heute eine Vielzahl von verschiedenen Strategien des Nahrungserwerbs im Meer.

32 der 33 bekannten Tierstämme (Stand 2024) sind durch benthische Arten im Meer vertreten. Das Nekton hingegen wird durch Vertreter von bloß drei Tierstämmen gebildet. Und nur von einem Tierstamm gibt es keine marinen Vertreter (Tab. 3.2 und 3.3)!

Tab. 3.2 Die heute bekannten Tierstämme und Vorkommen ihrer Vertreter. Benthisch kommen im Meer Vertreter aus 32 der 33 bis 2024 bekannten Tierstämme vor. Von diesen kommen nur drei Tierstämme auch im Nekton vor. Nur von einem Tierstamm gibt es keine marinen Vertreter!

Tierstamm, wissenschaftlich	Tierstamm, deutsch	Lebensraum
Porifera	Schwämme	marin, benthisch
Placozoa	Plattentiere	marin, benthisch
Cnidaria	Nesseltiere	marin, benthisch
Ctenophora	Rippenquallen	marin, benthisch
Orthonectida	gr.: „gerade Schwimmende"	marin, benthisch
Rhombozoa	gr.: „Rautentiere"	marin, benthisch
Xenacoelomorpha	2009 beschriebener Tierstamm	marin, benthisch
Chaetognatha	Pfeilwürmer	marin, benthisch
Entoprocta	Kelchwürmer	marin, benthisch
Cycliophora	gr.: „Kreistragende", seit 1995 bekannt	marin, benthisch
Gnathostomulida	Kiefermündchen	marin, benthisch
Micrognathozoa	gr.: „Lebewesen mit kleinen Kiefern"	marin, benthisch
Rotatoria	Rädertierchen	marin, benthisch
Acanthocephala	Kratzwürmer	marin, benthisch
Gastrotricha	Bauchhärlinge	marin, benthisch
Plathelminthes	Plattwürmer	marin, benthisch
Bryozoa	Moostierchen	marin, benthisch
Nemertini	Schnurwürmer	marin, benthisch
Annelida	Ringelwürmer	marin, benthisch
Mollusca	Weichtiere	marin, benthisch, nektisch
Phoronida	Hufeisenwürmer	marin, benthisch
Brachiopoda	Armfüßer	marin, benthisch
Priapulida	Priapswürmer	marin, benthisch
Loricifera	Korsetttierchen	marin, benthisch
Kinorhyncha	Hakenrüssler	marin, benthisch
Nematoda	Fadenwürmer	marin, benthisch
Nematomorpha	Saitenwürmer	marin, benthisch
Tardigrada	Bärtierchen	marin, benthisch
Onychophora	Stummelfüßer	terrestrisch
Arthropoda	Gliederfüßer	marin, benthisch, nektisch
Hemichordata	Kiemenlochtiere	marin, benthisch
Echinodermata	Stachelhäuter	marin, benthisch
Chordata	Chordatiere	marin, benthisch, nektisch

Tab. 3.3 Benthische Lebewesen Größenkategorien und ihre typischen Vertreter

Makrobenthos > 1 mm	Rotalgen *Rhodoplantae* Braunalgen *Phaeophyta* Grünalgen *Chlorophyta* Schwämme *Porifera* Nesseltiere *Cnidaria* Gliederwürmer *Annelida* Muscheln *Bivalvia* Schnecken *Gastropoda* Krebstiere *Crustacea* Seegurken *Holothuroidea* Seescheiden *Ascidiacea* Fische *Pisces*
Meiobenthos 1 mm bis 0,1 mm	Kieselalgen *Bacillariophyta* Foraminiferen *Foraminifera* Fadenwürmer *Nematoda* Rädertierchen *Rotifera* Bärtierchen *Tardigrada* Ruderfußkrebse *Copepoda*
Mikrobenthos < 0,1 mm	Cyanobakterien *Cyanobacteria* Bakterien *Bacteria*

Benthos: **a** Schwämme *Porifera* wachsen auf hartem Untergrund und filtrieren ihre Nahrung aus dem Meerwasser. **b** Steinkoralle *Caryophyllia smithii*. Seeanemonen und Korallen nesseln ihre Planktonnahrung. **c** Moostierchen *Bryozoa* bilden flächige Kolonien. **d** Seepocken (l) und Napfschnecken haften auf stabilem Untergrund. **e** Plattfische sind typische Bodenbewohner. Sie tarnen sich perfekt durch Farb- und Farbmusteranpassung der Haut

Teil II

Die Gezeiten

4

Wie funktionieren die Gezeiten?

Zusammenfassung Gezeiten machen sich als periodisch variable Wasserstände der Meeresoberfläche – vor allem an der Küste – bemerkbar. Sie entstehen durch die kombinierten Auswirkungen der von Mond, Erde und Sonne ausgeübten Gravitationskräfte und von Zentrifugalkräften. Die Gezeiten haben enormen Einfluss auf die Lebensgemeinschaften der Küsten. Der rhythmische und zunächst chaotisch erscheinende Wechsel zwischen Überflutung und Trockenlegung schafft für alle Bewohner der Küstenzone, des *Litorals*, sehr anspruchsvolle Umweltbedingungen. Gezeitenphänomene sind nicht auf die Ozeane beschränkt, sie können auch in anderen Systemen auftreten, wenn ein variables Gravitationsfeld vorhanden ist. Zum Beispiel ist die Form der Erdkugel ebenfalls von Gezeiten betroffen. Der Mond verformt die Erde.

Derselbe Strand zu unterschiedlichen Tageszeiten: Die Gezeiten formen die Landschaft

T. Jermann, *Strandführer Atlantikküste und Ärmelkanal*,
https://doi.org/10.1007/978-3-662-71235-1_4

Ursachen der Gezeiten

Die Tiden haben mehrere sich ganz oder teilweise überlagernde Ursachen (Abb. 4.1).

Geophysik
Durch die Eigenrotation der Erde und die dadurch entstehenden Zentrifugalkräfte bilden sich entlang des Äquators, also entlang der maximalen Fliehkräfte, Ansammlungen von Wassermassen.

Abb. 4.1 In der Bretagne fallen bei Ebbe nicht nur Strände, sondern auch die Häfen trocken. Manchmal jedoch steigt die Flut auch in gezeitensicheren Häfen über die sichere Grenze hinaus

Mondgravitation

Das System Erde-Mond besitzt einen gemeinsamen Schwerpunkt, um den die beiden Gestirne rotieren. Infolge der massiv ungleichen Massenverhältnisse von Mond und Erde liegt dieses Rotationszentrum noch im Innern der Erdkugel (ca. 4750 km vom Erdmittelpunkt entfernt). Als Vergleich könnte man sich eine Hantel mit ungleichen Gewichten vorstellen, die man in eine Rotationsbewegung versetzt. Durch diese exzentrische Rotation bildet sich auf der dem Mond abgewandten Seite der Erde ein Wasserberg durch Zentrifugalkräfte, auf der dem Mond zugewandten Seite ein Wasserberg durch die vom Mond ausgehenden Gravitationskräfte. Die Erde dreht sich unter diesen Wasserbergen (Abb. 4.2).

Sonnengravitation

Die Gravitation der Sonne übt auf die frei beweglichen Wassermassen der Erde eine nur etwa halb so große Kraft aus wie der Mond. Die Sonnengravitation überlagert jedoch die Mondgravitation und verstärkt oder schwächt diese je nach Mondphase erheblich. Bei Voll- und Neumond liegen Mond, Erde und Sonne auf nahezu einer Achse: Die Gravitationskräfte von

Abb. 4.2 Der Mond ist zu rund zwei Drittel für die Stärke der Tiden verantwortlich

Mond und Sonne addieren sich, es entsteht eine Springflut. Bei Halbmond bilden Erde, Mond und Sonne ein Dreieck: Die Gravitationskräfte heben sich teilweise auf, es herrscht eine sogenannte Nippflut.

Weitere Faktoren

Die Rotation der Erde bewirkt ein Umlaufen der zwei Wasserberge um den ganzen Erdball, und zwar entgegen der Drehrichtung der Erde von Ost nach West. Es entstehen riesige Schwingungssysteme in den Ozeanen, welche die Gezeiten verstärken. Form, Tiefe und Struktur der Meeresbecken, die Ausdehnung der Landmassen sowie meteorologische Gegebenheiten beeinflussen diese Wasserbewegungen teilweise sehr stark. Zum Beispiel beträgt der Tidenhub an der Westküste von Irland ca. 5 m, während die Flut in der Bretagne infolge eines Wasserstaus im Ärmelkanal mehr als 12 m hochsteigen kann.

Nicht nur der Tidenhub kann geografisch unterschiedlich ausfallen, sondern ebenso die Dauer und die Form eines Gezeitenzyklus (Halbtagstide, Ganztagstide, gemischte Tide).

Die Dauer eines Gezeitenzyklus wird von der Länge des Mondtages (24 h 50′) bestimmt, die Zeit des Höchst- oder Tiefststandes verschiebt sich also täglich um 50 min.

Gezeitenphänomene

Pro Tag gibt es zweimal Hoch- und zweimal Niedrigwasser

Ein vollständiger Gezeitenzyklus besteht aus zweimal Hochwasser und zweimal Niedrigwasser. Mond und Sonne ziehen durch Gravitationskräfte das bewegliche Wasser der Erde an. Die Kräfte des Mondes wirken dabei etwa doppelt so stark wie die der Sonne. Zusätzlich wirken Zentrifugalkräfte bzw. Zentripetalkräfte. Zwei dadurch entstehende Gezeitenwellen „umrunden" die Erde innerhalb eines Tages. An den Küsten schaukeln sich die Wellen hoch.

Ein vollständiger Gezeitenzyklus dauert 24 h 50 min

Von einem Höchststand zum nächsten dauert es im Schnitt 12 h 25 min. Der Mond verschiebt sich auf seiner Umlaufbahn um die Erde täglich um durchschnittlich 13° (10,4° bis 15,4°) = „Verspätung" von 50 min/Tag.

Tägliche „Verspätung" von durchschnittlich 50 min

Die Tiden verschieben sich von einem Tag auf den nächsten um fast eine Stunde. Die Verschiebung ist variabel: Sie beträgt zwischen 30 min und

100 min pro Tag. Diese Unterschiede sind auf die stark variable Bahngeschwindigkeit des Mondes auf seiner elliptischen Umlaufbahn zurückzuführen.

„Alter" der Tiden
Die stärksten Tiden erfolgen 1–2 Tage nach Neu- oder Vollmond, die schwächsten Tiden erscheinen 1–2 Tage nach Halbmond. Die Gezeitenwellen gehören zu einem Schwingungssystem, das 1–2 Tage benötigt, um sich aufzubauen.

Unterschiedliche Stärke der Tiden
Die Stärke der Tiden variiert in einem 14-täglichen Rhythmus zwischen starken Springtiden und schwachen Nipptiden. Bei Voll- und Neumond summieren sich die Kräfte von Sonne und Mond, bei Halbmond subtrahieren sie sich. Die stärkste Springtidenebbe erfolgt beispielsweise in Erquy an der Nordküste der Bretagne immer zwischen 15:30 und 16:30 Uhr, die stärkste Springtidenflut immer um ca. 10:00 oder 22:00 Uhr (=Hafenzeit). Bei Springtiden stehen Sonne und Mond in derselben Meridianebene. Der Sonnenstand definiert somit die Uhrzeit, an der die Gezeitenwelle eintrifft (je nach Verspätung/Hafenzeit). Die Verzögerung zwischen der Mondpassage über den Meridian und dem Tiefwasserstand ist konstant.

Äquinoktialtiden
Stärkere Gezeiten um die Tag-und-Nacht-Gleiche. Die Erdachse steht dann senkrecht zur Linie Erde-Sonne. Etwas mehr als sechs Monate (202 Tage) sind die Vollmond-Springtiden stärker als die Neumond-Springtiden, danach sind die Neumond-Springtiden stärker. Die elliptische Umlaufbahn des Mondes um die Erde (und des Systems Erde-Mond) ist wegen der unterschiedlichen Distanzen zur Erde für unterschiedliche Gravitationskräfte innerhalb eines Jahres verantwortlich. Steht der Vollmond im Perigäum, erzeugt er höhere Tiden als der Neumond; steht dieser im Perigäum, erzeugt er stärkere Gezeiten.

Gezeitenmechanik: System Erde-Mond-Sonne

Der folgende Abschnitt erklärt die Gezeiten mithilfe eines stark vereinfachten Modells. Die komplizierten physikalischen Hintergründe bleiben zugunsten der Verständlichkeit im Hintergrund (Abb. 4.3).

Die rotierende Erde wird vom Mond einmal pro Monat umrundet. Die – sehr schwache – Gravitationskraft des Mondes erzeugt auf der ihm zu-

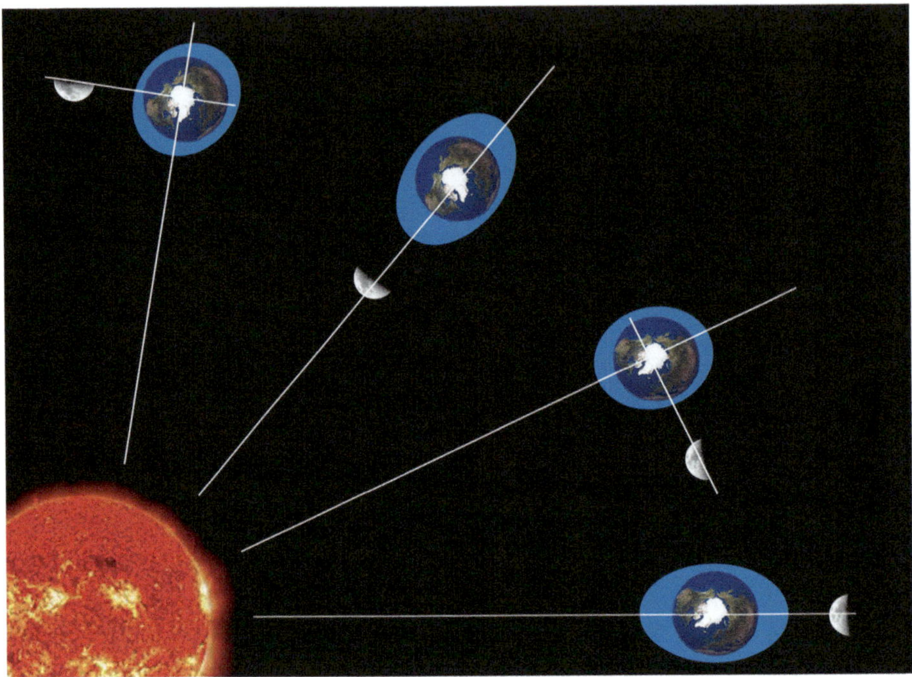

Abb. 4.3 Im Monatsverlauf wechseln sich schwache Nipptiden (nach Halbmond) und starke Springtiden (nach Voll- und Neumond) ab

gewandten Seite der Erde eine etwas größere Wirkung als auf der abgewandten Seite, die um einen Erdradius weiter entfernt liegt. Es entsteht ein „Wasserhügel" von rund 50 cm entlang des Äquators und von nur wenigen Zentimetern in hohen Breiten. Auf der dem Mond abgewandten Seite bildet sich ein ähnlicher „Wasserhügel" durch die Rotationsbewegung des Systems Erde-Mond. Dieses besitzt eine gemeinsame Schwer- und Drehachse, die noch innerhalb der Erdkugel liegt. Als Folge des Umlaufs des Mondes entsteht eine exzentrische Drehbewegung. Diese erzeugt auf der dem Mond abgewandten Seite der Erde eben diese Zentrifugalkräfte.

Wechsel von Neumond-, Halbmond- und Vollmondtiden

Bei Voll- und Neumond addieren sich die Gravitationskräfte von Mond und Sonne. Es entstehen Springtiden mit hohen Amplituden. Bei Halbmond hingegen heben sich die Kräfte teilweise auf; die Folge sind Nipptiden mit geringen Amplituden. Die Mondgravitation ist dabei rund doppelt so stark wie diejenige Gravitation der Sonne, und zwar aufgrund ihrer großen Distanz zur Erde. Die Gravitation verhält sich umgekehrt proportional zum Quadrat der Distanz zwischen zwei Körpern.

Unterschiedliche Springtidenstärken

Etwas mehr als 6,5 Monate lang ist die Neumond-Springtide stärker als die Vollmond-Springtide. Danach überwiegt die Vollmond-Springtide, danach wieder die Neumond-Springtide usw.

Dies liegt daran, dass zunächst der Vollmond im Perigäum steht; ein halbes Jahr später steht der Neumond im Perigäum. Die Distanz Erde-Mond variiert also auch für Neu- oder Vollmondunregelmäßigkeiten im Monatsverlauf (Abb. 4.4).

Die Umlaufbahn des Mondes um die Erde ist elliptisch. Es gilt daher das Zweite Keplersche Gesetz: Die Verbindungslinie Erde – Mond (oder Sonne – Erde) überstreicht in gleichen Zeiten gleiche Flächen.

Der Mond erfährt durch seine elliptische Umlaufbahn unterschiedliche Bahngeschwindigkeiten. Je näher er der Erde kommt, desto schneller wird er. Alle Sektoren in der Grafik haben dieselben Flächen. Die unterschiedliche

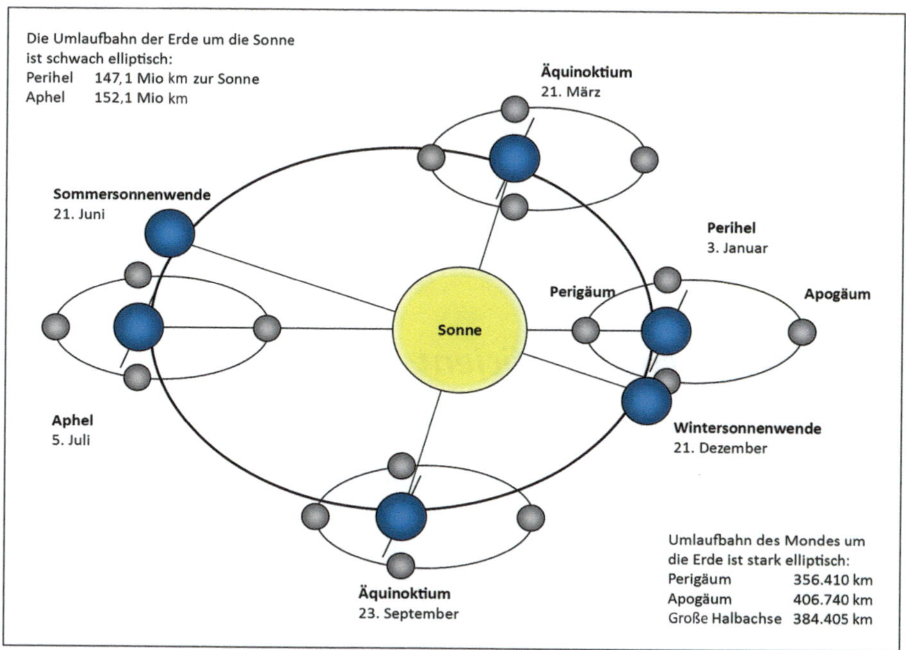

Abb. 4.4 Unterschiedliche Stärken von Neu- und Vollmond-Springtiden im Jahresverlauf

Bahngeschwindigkeit erzeugt zeitliche Unregelmäßigkeiten bei den Gezeiten. Eigentlich sollten die Gezeiten täglich 50 min „Verspätung" haben. Diese 50 min sind jedoch nur ein Mittelwert. In der Realität verschieben sich die Gezeiten täglich um 30 bis 100 min.

Die stärksten Gezeiten im 21. Jahrhundert

Stärkste Springtiden		Schwächste Nipptiden	
Coefficient	Datum	Coefficient	Datum
119	21.03.2015	23	12.03.2026
119	03.03.2033	23	13.09.2043
119	14.03.2051	23	23.03.2044
119	14.03.2055	22	30.09.2044
119	15.03.2055	22	23.09.2061
119	05.03.2068	23	03.04.2062
120	25.03.2073	23	11.10.2062
119	16.03.2086	22	04.10.2079
119	19.03.2090	23	15.03.2080
119	05.04.2091	23	14.10.2097

Es dauert noch ein paar Jahre, bis die nächste „Jahrhundertflut" kommt

Der französische *Coefficient* – ein Maß für die Gezeiten

Die Gezeitenkoeffizienten, die im 20. Jahrhundert von französischen Hydrografen, darunter *Pierre-Simon Laplace*, erfunden wurden, sind Zahlen ohne Einheiten (20 bis 120), welche die Stärke der Gezeiten charakterisieren. Der *Coefficient* ist vor allem in Frankreich als Maß für die Tiden gebräuchlich. Bei Coefficient ≥ 70 spricht man von Springtiden, darunter von Nipptiden.

$$M = 2CU / 100$$

M = Amplitude (frz. ***Marnage***),
C = Gezeitenkoeffizient (***Coefficient***),
U = Hafenkonstante (***Unité de hauteur***)

Die Berechnung der Wasserstände und der Gezeitenkoeffizienten erfolgt im Referenzhafen Brest, dem Ort auf der Welt, an dem man die größte Reihe von Gezeitenmessungen seit dem 18. Jahrhundert durchgeführt hat. Die Berechnungen werden für das offene Meer ausgeführt. Der Gezeitenkoeffizient wird mit folgender Formel berechnet:

$$C = \frac{Hh - Hb}{2Ux100}$$

Hh = Höhe des Wasserspiegels bei Flut
Hb = Höhe des Meeresspiegels bei der nachfolgenden Ebbe
U = Hafenkonstante, entspricht dem Mittelwert der Amplitude der stärksten Gezeiten, die ungefähr anderthalb Tage nach Äquinoktial-Voll- oder Neumond folgt; was etwa dem durchschnittlichen Wert der Höhe der Springtidenflut bei Tag-und-Nacht-Gleiche (21. März und 21. September) entspricht (Abb. 4.5).

	Jan	Feb	Mar	Apr	Mai	Jun	Jul	Aug	Sep	Okt	Nov	Dez
1	48/45	44/42	48/44	37/38	48/53	75/80	73/76	74/77	84/85	87/87	83/81	77/76
2	43/42	40/40	40/37	42/47	60/68	84/88	78/80	79/81	86/86	87/86	79/76	74/71
3	42/42	40/43	36/37	55/63	75/83	92/94	82/84	82/83	86/85	85/82	73/69	69/65
4	43/46	46/51	41/46	72/81	90/96	95/96	84/85	83/83	83/80	80/76	65/60	62/59
5	48/52	56/63	53/60	89/97	101/105	95/93	84/83	81/80	77/74	72/68	55/51	56/53
6	56/60	69/75	69/77	104/109	108/108	91/88	82/80	78/75	70/66	63/58	46/43	51/50
7	65/69	82/88	85/93	113/116	108/105	84/80	77/74	72/68	61/56	53/48	40/39	50/52
8	74/78	93/98	100/106	116/114	102/97	76/71	71/68	65/61	51/46	42/38	40/44	55/59
9	82/85	101/104	110/114	111/106	91/85	66/61	64/61	57/52	41/38	35/34	49/55	64/69
10	88/90	105/105	115/115	99/92	78/71	57/53	57/54	49/45	35/34	35/38	63/71	74/79
11	92/93	104/101	112/108	84/75	64/58	49/46	51/48	42/39	35/38	44/51	78/86	84/88
12	92/91	97/92	103/96	67/58	52/46	44/43	46/44	38/38	43/49	59/68	93/99	92/94
13	90/87	86/79	88/79	51/44	42/40	43/44	43/43	40/42	57/64	77/85	104/107	96/97
14	84/81	72/65	71/62	39/37	39/40	45/47	44/45	46/51	72/80	94/101	109/109	96/95
15	77/72	58/52	54/47	36/38	42/45	50/53	47/50	57/63	88/95	107/112	108/105	93/90
16	68/64	48/45	41/38	42/46	48/52	56/59	53/57	69/75	101/107	114/116	101/95	86/82
17	61/58	45/46	38/40	51/55	56/60	62/65	61/65	81/87	110/113	115/112	89/82	77/72
18	57/56	49/53	43/48	60/65	64/67	68/71	69/73	92/96	113/112	108/102	75/68	67/63
19	56/58	57/61	53/58	69/73	70/73	73/76	77/80	99/102	109/104	95/87	61/55	58/54
20	60/63	66/70	63/68	76/79	76/78	77/79	83/86	103/103	98/91	78/69	49/45	50/47
21	66/69	74/77	72/76	82/83	79/80	80/80	87/89	101/98	82/74	61/53	42/41	45/43
22	72/75	80/82	79/82	84/85	81/81	80/79	89/89	94/89	65/57	46/41	41/43	43/44
23	77/79	84/84	84/86	85/84	80/79	78/77	88/86	83/77	49/44	38/38	45/49	45/47
24	81/81	85/84	87/87	83/81	77/75	75/73	84/81	70/63	40/39	40/43	52/56	49/52
25	82/81	84/82	86/85	78/75	72/69	70/68	77/74	57/52	41/45	48/53	59/63	55/58
26	80/79	80/77	83/81	71/67	66/63	66/64	70/66	48/46	49/55	58/62	66/69	61/64
27	77/75	74/70	78/74	62/58	59/56	63/62	63/60	47/49	60/65	67/71	72/74	67/69
28	72/69	66/62	70/66	53/49	54/52	62/63	58/57	53/57	70/74	75/78	76/77	72/74
29	66/62	57/53	61/56	45/43	52/54	64/66	57/59	62/66	78/81	80/82	78/79	76/77
30	58/55	-	50/45	42/44	56/60	68/71	61/64	71/75	84/86	83/84	79/78	78/79
31	51/47	-	41/38	-	65/70	-	67/71	78/81	-	84/84	-	79/79

Coefficient morgen/abend
schwach mittel stark sehr stark

Abb. 4.5 Die Gezeitenkoeffizienten eines ganzen Jahres

Gezeitenrhythmen

Es gibt mehrere Gezeitenrhythmen, die sich überlagern. Kurze, täglich oder monatlich auftretende Rhythmen sind gut zu beobachten: So erkennt man täglich zweimal Flut und Ebbe oder den Wechsel zwischen Nipp- und Springtiden im 14-täglichen Rhythmus.

Die längerfristigen Rhythmen sind schwieriger zu erkennen. Beispielsweise sind die Amplituden der Äquinoktialtiden, die rund um die Tag-und-Nacht-Gleiche zweimal im Jahr auftreten, deutlich höher als die stärksten Tiden im Sommer oder Winter (Tab. 4.1).

Asymmetrie der Gezeitenkurve

Gezeitenkurven können von einer Sinusform abweichen. Grund dafür ist die Geografie des Meeresbeckens und der Küste. In Brest ist die Tidenkurve fast symmetrisch, in Saint-Malo steigt das Wasser um fast eine Stunde schneller, als es fällt, in Calais sogar um eineinhalb Stunden. In Cowes führen „Viertel-Tages-Wellen" zu einem exotischen Tidenverlauf (Abb. 4.6).

Gezeiten global

Satelliten messen regelmäßig die Gezeiten über der Hochsee. Mit den Daten kann man bestimmen, wie sich die Gezeitenwellen verhalten und wie sich ihre Energie ändert, wenn sie über tiefe Ozeanbecken reisen oder auf Flach-

Tab. 4.1 Gezeitenrhythmen

Täglich	Zwei „Gezeitenwellen" umrunden die Erde in 24 h 50 min. Zwei „Wellen" umrunden die Erde in 24 h50 min. So ergeben sich fast zweimal Flut und zweimal Ebbe täglich
14-täglich	Voll- und Neumondtiden sind unterschiedlich. Gezeiten sind beeinflusst durch die variable Distanz zwischen Erde und Mond
Monatlich	Bei Voll- und bei Neumond ergeben sich Phasen mit stärkeren Gezeiten, sogenannte Springtiden. Dabei kommen Mond, Erde und Sonne auf eine Linie zu stehen
Jährlich	Zweimal pro Jahr gibt es Phasen besonders starker Gezeiten, wenn bei Tag-Nacht-Gleiche (*Äquinoktium*) Sonne und Mond senkrecht auf der Erdachse stehen → Äquinoktionaltiden, *Equinoxe* (f)
Alle x Jahre	Weitere Rhythmen sind alle 4,5, 9,3 und 18,6 Jahre … und 44.000 Jahre … etc. zu erkennen. Auch ihre Ursachen sind geophysikalischer oder astronomischer Natur

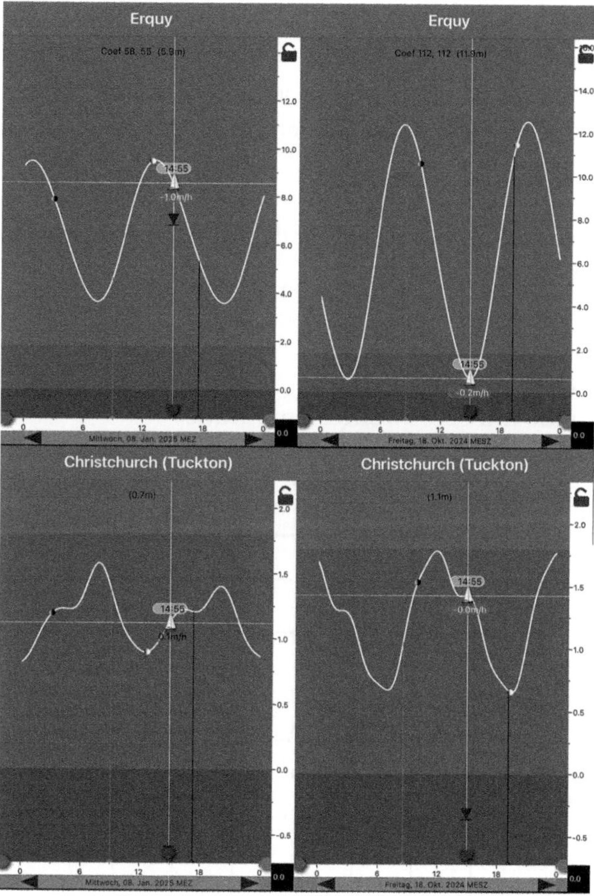

Abb. 4.6 Asymmetrie der Gezeitenkurve. Beide Ortschaften liegen am Ärmelkanal. Ihre typischen Gezeitenkurven unterscheiden sich aufgrund von ozeanografischen Bedingungen jedoch enorm

wassergebiete treffen. In der Hochsee sind die Gezeitenwellen in der Regel gering und erreichen lediglich wenige Dezimeter Höhe. Allerdings sind sie bei einer Ozeantiefe von 4000 m rund 720 km/h schnell! Je flacher das Meer wird, desto langsamer wird die Gezeitenwelle, sie türmt sich jedoch stark auf. Deshalb sind die Amplituden der Gezeiten in Küstennähe und in Schelfgebieten deutlich größer als auf der Hochsee.

Die Gezeiten im offenen Ozean sind wichtig, um Tiefenwasser zu mischen. Ozeanwissenschaftler gingen lange davon aus, dass der Wind der wichtigste „Mischer" des Ozeans war, aber Satellitendaten zeigen, dass die Gezeitenmischung im tiefen Ozean ungefähr so wichtig ist wie der Wind.

Die Zwölftelregel zur Bestimmung der Tidenhöhe

Die Gezeitenkurve kann in Zwölftel aufgeteilt werden. Damit lassen sich näherungsweise sehr einfach die Wasserstände zu einer bestimmten Zeit ermitteln (Abb. 4.7):

- In der 1. Stunde des Zyklus steigt/fällt das Wasser um eine zwölftel Amplitude,
- in der 2. Stunde um zwei,
- in der 3. Stunde um drei,
- in der 4. Sunde um drei,
- in der 5. Stunde um zwei,
- in der 6. Stunde um eine zwölftel Amplitude.

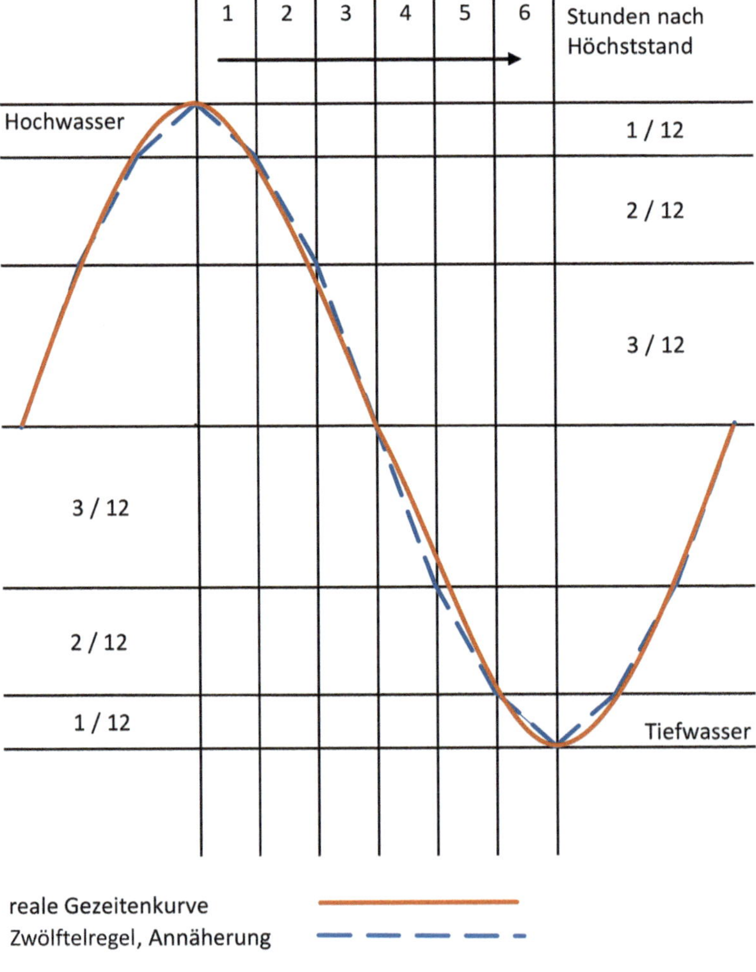

Abb. 4.7 Die Zwölftelregel zur Bestimmung des Wasserstands

Beispiel: Der Tidenhub am Tag X beträgt laut Gezeitentabelle 10,80 m. Eine zwölftel Amplitude ist demnach 0,90 m (10,80 m/12). Zwei Stunden nach Tiefststand ist das Wasser um drei Zwölftel gestiegen, was 3 × 0,90 m, also 2,70 m, über Tiefwasser entspricht.

Geografische und ozeanografische Faktoren

Höhe und Form der Gezeitenkurve sind abhängig von topografischen Eigenschaften: Die Form einer Bucht, ihr Tiefenprofil oder die Neigung der Küstenlinie bestimmen, wie hoch sich Gezeiten in einer bestimmten Region auftürmen können, wie schnell das Wasser steigt oder fällt, wie breit ein Strand bei Ebbe wird etc.

Starke Gezeiten im Ärmelkanal

Der Ärmelkanal heißt im Englischen *English Channel*, im Französischen *La Manche* („Ärmel“) oder auf Bretonisch *Mor Breizh*, „Bretonische See“. Er ist ein 560 km langer Meeresarm des Atlantiks und verbindet diesen mit der Nordsee. Seine südliche Küste wird von der Bretagne, der Normandie und den Hauts-de-France gebildet, die nördliche von der südenglischen Küste. Der Ärmelkanal verengt sich von West nach Ost zunehmend. Gleichzeitig wird er in gleicher Richtung immer flacher: Die Wassertiefe ist mit 120 m Tiefe im Osten und 45 m in der Straße von Dover gering. Die Meerenge zwischen Dover und Calais, die Straße von Dover, behindert ein freies Ausströmen des Wassers in die Nordsee. Meeresströmungen und Gezeiten führen große Wassermengen von Westen in den Ärmelkanal. Es kommt zu einem Stau, die Gezeitenwelle schaukelt sich hoch. Vor allem in der Bucht des Mont Saint-Michel führt dies zu enormen Tiden. Die Gezeitenwelle benötigt für den kompletten Durchlauf des Ärmelkanals rund acht Stunden (Abb. 4.8).

Die „dunkle Seite" des Mondes – ein Mondtag dauert 27,3 Tage

Es gibt keine „dunkle Seite des Mondes“; er zeigt uns immer nur eine Seite. Die andere, die vermeintlich „dunkle“ Seite ist uns immer abgewandt. Grund dafür ist die *gebundene Rotation* des Mondes. Auf dem Mond dauert ein Tag

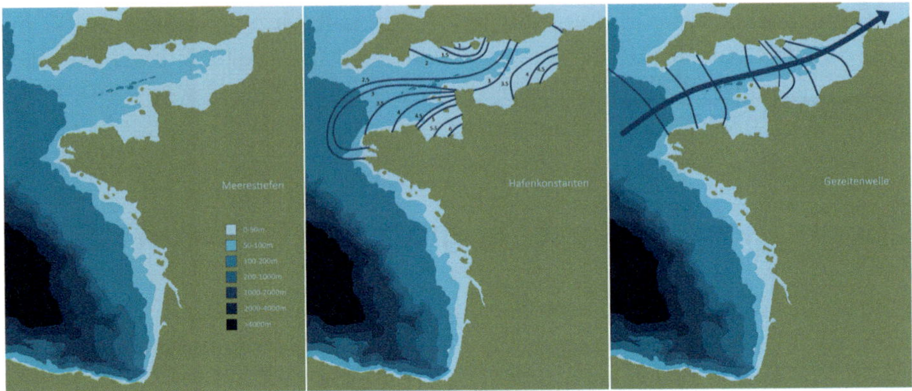

Abb. 4.8 Meerestiefen, Hafenkonstanten und zeitlicher Verlauf der Gezeitenwelle im Ärmelkanal

27,3 Erdentage. In derselben Zeit umrundet der Mond auch einmal die Erde, und er dreht sich dabei auch einmal um seine eigene Achse. So kommt es, dass er uns immer dieselbe Seite zuwendet.

Woher kommt das? Die Gravitationskräfte der Erde bremsten in der Vergangenheit und auch heute noch den viel kleineren Mond in seiner Eigenrotation so stark ab, dass sich seine Rotationsdauer an die Dauer der Umlaufzeit angepasst hat. Der Mond selbst bremst aber auch die Erdrotation etwas ab. Die Gezeitenkraft wirkt auch im Erdmantel und verlangsamt die Rotation der Erde. Jährlich verlängern sich die Tage auf der Erde durch diese Gezeitenreibung um etwa 0,016 Millisekunden.

Mond und Erde sind in stetiger Wechselwirkung. Auch die Gravitationskraft des Mondes wirkt stabilisierend auf die Erde, vor allem auf die Erdachse. Ohne Mond würde die Erde schnell ins Taumeln geraten, zum Beispiel, wenn ein Planet an uns vorbeizieht. Eine taumelnde und instabile Erdachse hätte Einfluss auf die Jahreszeiten und würde sie verändern. Der Mond erzeugt also nicht bloß die Gezeiten der Ozeane, sondern stabilisiert auch das Klima der Erde.

Gibt es Gezeiten im Mittelmeer?

Die Gezeitenwellen des Atlantiks passieren die Straße von Gibraltar nur abgeschwächt. Das Mittelmeer ist zu klein, um eine bedeutende eigene Gezeitendynamik zu entwickeln. Deshalb sind die Tiden bescheiden. Die stärksten Gezeiten liegen bei Venedig im Bereich von 100 cm, bei Triest bei

120 cm und im *Golf von Gabès* in Tunesien bei rund 200 cm. Die größten Teile des Mittelmeeres zeigen einen Tidenhub von unter 10 cm, und nur wenige Regionen weisen durch Resonanzen Tiden von über 30 cm auf.

Trotzdem sind die Gezeiten für das Mittelmeer von größter Bedeutung: Unter anderem sorgen sie dafür, dass das Mittelmeer nicht versalzt. Durch Verdunstung verliert das Mittelmeer jedes Jahr etwa 3800 km^3 Wasser. Der Wasserstand im östlichen Mittelmeer ist deshalb rund 1 m tiefer als im Atlantik. Durch Flüsse wie Nil, Ebro oder Po wird dies bei Weitem nicht ausgeglichen.

Die starke Verdunstungsrate führt dazu, dass das Mittelmeer mit 38 ‰ salzhaltiger ist als der Atlantik (35 ‰). Leichteres Atlantikwasser fließt in den obersten 100 m der Straße von Gibraltar in das Mittelmeer ein. Eine große Wassermasse passiert die Meerenge aber in beiden Richtungen – in gegenläufigen Strömungen: 1,1 Mio. m^3/s fließen durch die Straße von Gibraltar. Während des Gezeitenwechsels von Flut zu Ebbe strömt vermehrt oberflächennahes Atlantikwasser in das Mittelmeer hinein. Das Ausfließen von bodennahem Mittelmeerwasser erfolgt verstärkt beim Gezeitenwechsel von Ebbe zu Flut.

5

Biologische Konsequenzen der Gezeiten

Zusammenfassung Im Litoral des Ärmelkanals wirken sich die Gezeiten mit Wasserstandsschwankungen um bis zu 15 m dramatisch aus, und die Konsequenzen auf Flora und Fauna sind einschneidend. Die Ebbe legt den Meeresboden bloß und führt temporär zu terrestrischen Bedingungen. Die sehr kurzfristigen Veränderungen des Milieus verlangen von sessilen und hemisessilen Organismen im Litoral eine Reihe von Anpassungsleistungen. Diese Anpassungen müssen umso wirksamer sein, je höher oben im Litoral ein Organismus lebt.

Toleranz, Abschottung, Vermeidung – Strategien gegen die Trockenheit

Beispiele für Strategien bestimmter Arten gegen die Trockenlegung bei Ebbe (Abb. 5.1):

- Zähe, zellulosehaltige Zellwände der Großalgen verhindern allzu starken Wasserverlust bei Ebbe.
- Schnecken (*Gastropoda*) und Seepocken (*Cirripedia*) sind mit robusten, wasserdichten Gehäusen ausgestattet, welche die Weichteile der Tiere vor Austrocknung und das Tier als Ganzes vor Verletzungen schützen.
- Napfschnecken können ihre konische Schale so fest an die Unterlage pressen, dass im Innern der Mantelhöhle eine ausreichende Wasserreserve bis zur nächsten Flut bleibt.

T. Jermann, *Strandführer Atlantikküste und Ärmelkanal*,
https://doi.org/10.1007/978-3-662-71235-1_5

Abb. 5.1 Die Erdbeeranemone *Actinia fragacea* zieht bei Trockenheit ihre Tentakel ein, um sich zu schützen. Die Schleimhülle verhindert starke Verdunstung

- Röhrenwürmer (*Polychaeta*) ziehen sich bei Trockenheit in ihre selbst gebauten Höhlen aus Kalk, Sand oder Cuticula-Ausscheidungen zurück.
- Seeanemonen (*Anthozoa*) können sich zwar in keine Schale zurückziehen, manche von ihnen scheiden dafür eine schützende Schleimschicht aus.
- Mobile Tiere folgen entweder den Bewegungen der Wasserlinie, ziehen sich in Restwassertümpel (Cuvetten) zurück, begeben sich in den Schutz der Großalgen oder verharren in Spalten und unter Steinen.
- Schleimfische (*Blenniidae*) tolerieren große Wasserverluste.
- Im Sandwatt zieht sich das Epibenthos in tiefere, wasserhaltige Schichten des Substrats zurück.

Die Temperaturen sind im Litoral sehr variabel

Das Litoral selektioniert bei den sessilen Tieren und Pflanzen ausgesprochen auf *eurytherme* Organismen. Diese sind in der Lage, starke und schnelle Schwankungen der Temperatur zu tolerieren und zu überstehen (Ggs. *stenotherm*). Insbesondere die Bewohner des oberen Eulitorals sind terrestrischen Temperaturen ausgesetzt. Die viel konstanteren marinen Temperaturen finden sich an der Grenze zum Sublitoral. Sowohl Fels- als auch Sandgrund kann während der Ebbephasen vor allem im Sommer sehr heiß werden. Die Temperatur der Felsoberfläche erreicht dabei oft 40 °C und mehr. Im Winter können auch Temperaturen um oder unter dem Gefrierpunkt erreicht werden.

Konkurrenz um Verankerungsmöglichkeiten

Im Litoral sind die „besten Plätze“ immer Mangelware. Gute Plätze finden sich zum Beispiel auf der stark umspülten Oberfläche eines Felsens, auf der Organismen festwachsen können und wo es dann auch möglich ist, bei Flut Plankton zu filtrieren. Die einzelnen Arten siedeln jedoch nicht zufällig, sondern – je nach arttypischen Fähigkeiten und Toleranzen – auf unterschiedlichen Gezeitenniveaus und Brandungsstärken (Abb. 5.2). Auch die Neigung des Untergrunds spielt eine Rolle. Daher bildet sich im Strandprofil eine typische Zonierung verschiedener Organismen aus. Die Zonierung ist besonders bei Großalgen auffällig, die stark unterschiedliche Toleranzen gegenüber der Austrocknung zeigen (Kap. 8).

Abb. 5.2 Freies, unbesiedeltes Hartsubstrat ist Mangelware

Endogene Uhren sind überlebenswichtig

Die Aktivität terrestrischer Lebewesen wird vor allem durch den 24-stündigen Zirkadianrhythmus, durch tageszeitliche Helligkeitsrhythmen, bestimmt. Im Litoral ist dies anders: Die Gezeiten bestimmen die Aktivitätsphasen der Litoralbewohner. Da Zirkadianrhythmus und Gezeitenrhythmus sich nicht synchron zueinander verhalten, überlagern sich diese im Monats- und Jahresverlauf; das führt zu laufend unvorhersehbare Bedingungen.

Der Tagesrhythmus dauert 24 h, der Gezeitenrhythmus hingegen 24 h 50 min. Jeden Tag verschiebt sich die Zeit des Trockenfallens um durchschnittlich 50 min. Endogene Uhren der Litoralbewohner berücksichtigen dies. Die wahrgenommenen Gezeiten funktionieren als Taktgeber, nach dem die innere Uhr immer neu nachgestellt wird. Im Aquarium gehaltene Litoralfische und Strandkrabben *Carcinus maenas* behalten den Gezeitenrhythmus auch ohne Gezeiten über Wochen bei. Danach orientieren sie sich an der Tagesrhythmik. Ohne innere Uhren wäre ein Überleben im Litoral kaum möglich.

Nahrung gibt es nur bei Flut

„Je höher oben im Litoral, desto seltener liefert das Meer Nahrung", lautet eine Faustregel – unter vielen.

Sessile Planktonstrudler, zum Beispiel Seepocken (*Cirripedia*) oder Manteltiere (*Tunicata*), haben nur bei Flut die Möglichkeit, an Nahrung zu gelangen. Bei Ebbe versiegt der im Meer übliche „ewige Nahrungsstrom" zwischenzeitlich. Bei Trockenlegung werden sessile Tiere in der Regel inaktiv und verfallen in einen „Energiesparmodus".

Ähnlich verhalten sich auch manche Fische des Litorals, die bei einsetzender Flut auf Nahrungssuche gehen, wie die Schleimfische *Blenniidae*. Die physiologisch stressvolle Zeit der Ebbe verbringen sie relativ inaktiv in Cuvetten oder unter Steinen. Sie finden sehr präzise mit den letzten Wellen wieder den Weg in „ihre" Cuvette, bevor die Ebbe dies verhindern würde.

Teil III

Die Lebensbedingungen im Litoral

Das Litoral bildet eine Überlappungszone zwischen terrestrischen und aquatischen Lebensräumen. Durch die periodische Abfolge von Trockenlegung und Überflutung entstehen ökologische Extrembedingungen, die hohe Anforderungen an die Anpassungsfähigkeit der Tier- und Pflanzenwelt stellen. Bei Ebbe wird der Meeresboden freigelegt, es herrschen terrestrische Bedingungen. Bei Flut besteht ein aquatisches, marines Milieu mit hoher Wasserenergie.

6

Abiotische Faktoren im Litoral

Zusammenfassung Abiotische Faktoren beeinflussen die Verbreitung der Organismen auf dem Litoral – entweder direkt durch Limitierung (zum Beispiel wegen Austrocknung oder zu hoher Temperaturen) oder indirekt durch Beeinflussung von Prozessen wie Prädation oder Konkurrenz.

Trockenheit

Die unmittelbarste Gefahr für Meeresbewohner in der Gezeitenzone ist die Austrocknung bzw. die Trockenlegung durch die Ebbe. Die meisten Meerestiere atmen über spezifische „Wasseratemorgane", die Kiemen. Kiemen sind für die Aufnahme des in geringen Mengen im Wasser gelösten Sauerstoffs optimiert, für die Aufnahme atmosphärischen Sauerstoffs sind sie nicht geeignet. Die Kiemen der Fische funktionieren an Luft nicht, da ihre Lamellen kollabieren und verkleben. Der Fisch stirbt binnen Minuten. Seeigel haben ein permeables Gehäuse; sobald sie trockenfallen, verlieren auch ihre inneren Organe die meiste Flüssigkeit. Außerdem zerreißen die feinen Mesenterien (Aufhängung des Darms und anderer innerer Organe), da bei Trockenheit kein Auftrieb mehr herrscht.

T. Jermann, *Strandführer Atlantikküste und Ärmelkanal*,
https://doi.org/10.1007/978-3-662-71235-1_6

Resistenz gegen Austrocknung und Konkurrenz führen oft zu sogenannten Zonierungen (Kap. 8):

Beispiel: Zonierung der Fucus-Arten
Der Spiraltang *Fucus spiralis* ist sehr robust und übersteht lange Trockenzeiten. Er kommt nur in der supralitoralen Randzone vor. Oberhalb ist es für die Art zu trocken, unterhalb droht Konkurrenz durch den Blasentang *Fucus vesiculosus.* Dieser wird nach oben durch Austrockungsgefahr limitiert, nach unten wird er selbst vom Sägetang *Fucus serratus* konkurrenziert. Weiter unten am Strand und ins Meer hinein wird *F. serratus* sehr stark abgeweidet und wird zudem durch submerse Algen konkurrenziert, die hier in großer Vielfalt wachsen.

Temperatur

Die Temperatur kann im Litoral stark variieren. Der bloßgelegte Meeresgrund wird bei starker Sonneneinstrahlung warm, manchmal heiß; umgekehrt kühlt er im Winter schnell aus. Im Gegensatz zum rein marinen Milieu kann sich die Temperatur in der Gezeitenzone stark und vor allem schnell ändern. Die täglichen Temperaturschwankungen in einem Gezeitentümpel sind im Sommer tagsüber von einem graduellen Anstieg der Temperatur und einem darauffolgenden Temperaturschock durch das plötzliche Überfluten des Tümpels bei einsetzender Flut gekennzeichnet. Eine Temperaturdifferenz von 10–20 K ist keine Seltenheit. Eine solch schwankende Temperaturkurve beeinflusst physikalisch-chemische und metabolische Prozesse in hohem Maß.

Nach der Van't Hoffschen Regel (RGT-Regel, Reaktionsgeschwindigkeit-Temperatur-Regel) beschleunigen oder verlangsamen sich metabolische Prozesse bei einer Temperaturveränderung von ±10 °K um das Doppelte bis Vierfache (Q10-Wert). Gewisse Litoralbewohner sind in der Lage, diese Regel zu umgehen und auch bei stark und schnell sinkenden Temperaturen noch einen sehr aktiven Stoffwechsel aufrechtzuerhalten. Die Q10-Werte dieser Tiere bewegen sich dann zwischen 1 und 2 (!). Ein gutes Beispiel für Anpassung an extreme Temperaturverhältnisse sind die kälteresistenten Seepocken wie *Semibalanus balanoides* oder die bis über 40 °C hitzeresistente raue Strandschnecke *Littorina saxatilis* (Abb. 6.1).

Die Temperatur eines poikilothermen Tieres hängt von verschiedenen Faktoren ab: einem günstigen Oberflächen-Volumen-Verhältnis, einer geeigneten Form, Oberflächenstruktur und Pigmentierung der Haut und des Exoskeletts sowie von der Wasserverdunstung durch die Körperoberfläche. Eine Thermoregulation kann durch geeignetes Verhalten (zum Beispiel Aufsuchen von schattigen Felsritzen oder Sonnenexposition) erfolgen (Abb. 6.2).

Abb. 6.1 Die Strandschnecke *Littorina saxatilis* ist extrem hitzeresistent

Abb. 6.2 Nicht nur Hitze kann problematisch sein. Im Winter können die Temperaturen bedrohlich sinken, Schnee und Eis überziehen dann das Litoral

Salinität

Durch Regen, Wasserabflüsse (Rinnsale, Bäche usw.), Evaporation (Eindampfen) oder Überflutung kann die Salinität der Gezeitentümpel und des Interstitialwassers im Sandgrund vom Normwert des Meerwassers (3,5 %) abweichen.

Diesen Variationen kann ein Tier auf unterschiedliche Weisen begegnen:

Toleranz: Einige Organismen der Litoralzone lassen die dabei auftretenden osmotischen Probleme über sich ergehen.

Vermeidung: Andere begegnen ihnen durch Abschluss von der Umwelt mithilfe von dichten Schalen (*Mytilus, Patella*).

Regulation: Die Aufrechterhaltung des Innenmilieus kann auch durch Aufnahme, Aufbau oder Ausscheidung von osmotisch aktiven Stoffen (Harnstoff, Salz, Trimethylamin) gewährleistet werden.

Während sich bei ablaufendem Wasser die eben erwähnten Parameter meist nur langsam verändern, treten bei aufkommender Flut meist schlagartige Veränderungen des Umgebungsmilieus auf. An einem heißen Sommertag kann das Wasser in einem Gezeitentümpel beispielsweise auf über 30 °C ansteigen, der Sauerstoffgehalt kann dabei stark fallen, und eine starke Verdampfungsrate lässt Salinität und Dichte des Wassers um bis zu 30 % ansteigen. Eine einzige Welle der Flut setzt diese Werte wieder auf die Norm zurück. Dadurch entstehen für Bewohner eines Gezeitentümpels extreme physiologische Stresssituationen, die nur durch sehr spezialisierte Anpassungen überdauert werden können.

Brandung schafft Platz für Neues

Wellen und Brandung üben mechanisch-destruktive Einflüsse auf Küstengemeinschaften aus. Das Brandungswasser ist oft gemischt mit Sand und Geröll, was einen starken abrasiven Effekt vor allem auf sessile Organismen und auf den Untergrund ausübt. Sediment wird abgelagert und umgeschichtet. Dabei werden Tiere und Pflanzen oft verschüttet, begraben oder gar zerrieben.

Sauerstoff wird bei Brandung im Wasser gelöst, Kohlendioxid (CO_2) wird ausgetrieben.

Brandungsenergie beeinflusst die freie Bewegung von Organismen, was die Fressgewohnheiten limitieren oder zu erhöhter Prädation führen kann. Zonen, die über dem Wasserspiegel liegen, werden dauernd oder temporär benetzt.

Die von Litoralbewohnern erduldeten Kräfte liegen innerhalb eines breiten Spektrums: gleichförmige Strömungen, hydrodynamische Zugkräfte, Beschleunigungskräfte, Schlagkräfte ... Außerdem erzeugt eine Welle einen plötzlichen Impuls auf Organismen, die gerade noch an der Luft waren. Am stärksten jedoch wirkt der Sog einer wieder ablaufenden Welle.

Mondphasen und Jahreszeiten

Die Mondphasen sorgen nachts im Litoral für unterschiedliche Helligkeiten. Die Dauer des Mondlichts ist ebenfalls jahreszeitlich sehr variabel. Mondauf- und -untergang können als Taktgeber für bestimmte Verhaltensweisen wie die Abgabe von Eiern und Spermien oder für Wanderungen dienen, sie können auch die Nahrungssuche erleichtern oder erschweren.

Die Mondphasen erzeugen aber vor allem sehr variable Überflutungs- und Trockenlegungsverhältnisse. Die Zeit von Flut oder Ebbe ist für die Litoralbewohner nicht einfach vorherzusehen, weil die astronomischen Beziehungen von Erde, Mond und Sonne mehreren sich überlagernden Rhythmen unterworfen sind. Beispielsweise verändert sich im Monatsverlauf die Distanz zwischen Erde und Mond – und damit dessen Bahngeschwindigkeit. Die Folge sind nichtlineare, nur schwer zu berechnende zeitliche Abläufe der Tiden.

Aufgrund der geneigten Erdachse bilden sich abseits der Tropen deutliche Jahreszeiten. Sie sorgen für variable Umweltbedingungen, indem Tageslänge, Durchschnittstemperatur von Luft und Wasser, Beleuchtungsstärke usw. graduellen, manchmal auch abrupten Änderungen unterworfen sind.

Strategien gegen hohe Wasserenergie

Die bisweilen starke Brandung erfordert von den Litoralorganismen spezielle Anpassungen (Tab. 6.1).

Eine hydrodynamisch optimierte Körperform kann die schädlichen Einflüsse der Wasserenergie verringern. Bei *Patella* und *Mytilus* wird die Sogwirkung ablaufender Wellen durch die Schalenform drastisch reduziert (Abb. 6.3).

Der Expositionsgrad eines Strandabschnitts wird unter anderem in den Zonierungen sichtbar. Manche Arten siedeln bevorzugt bei hoher Strömungs-/Wasserenergie, andere bevorzugen geschütztere Strandabschnitte. Bei erhöhter Exposition verschieben sich die meisten Artengürtel nach oben (Kap. 8).

Tab. 6.1 Strategien gegen die Brandung

Strategie	Wer? *Beispiel*	Wie?
Festwachsen, Ankleben	Algen *Laminaria, Fucus*	Rhizoid, Haftscheibe, Haftkralle
	Miesmuscheln *Mytilus*	Byssusfäden
	Seepocken *Cirripedia*	Klebstoff, „Zement"
	Auster *Ostrea*	
Festsaugen	Napfschnecke *Patella*	Unterdruck und Abdichtung des Gehäuses, gleichzeitig Klebstoff
	Schildfische *Apletodon*	Saugnapf aus Bauchflosse
Verkriechen in Felsritzen, unter Steinen usw.	Strandschnecke *Littorina* Purpurschnecke *Nucella*	Verhalten durch Gezeiten gesteuert
	Strandkrabbe *Carcinus*	Klemmt sich in Ritzen fest oder gräbt sich in den Sand
	Schleimfische *Blenniiden*	Brüten an Luft, atmen Luft
Eingraben	Wattwurm *Arenicola*	Gräbt Wohnhöhle
	Bäumchen-Röhrenwurm *Lanice*	Klebt sich seine Wohnhöhle aus Sandpartikeln
	Schlangensterne *Ophioderma*	Lange, bewegliche Arme, breiten sich stark horizontal aus
	Schwertmuscheln *Ensis*	Graben sich senkrecht in den Untergrund, Verankerung mit schwellbarem Fuß
	Plattfische *Pleuronectes*	Bedecken sich mit wenig Sediment, Tarnung

Abb. 6.3 Die Schale der Miesmuschel *Mytilus edulis* ist strömungsgünstig geformt. Die Brandung kann der Muschel deshalb nichts anhaben

Die Kräfte des Wassers, die auf die Litoralbewohner wirken, sind sehr variabel. Wellenschlag, Strömungen und Dünung sind täglichen und saisonalen Schwankungen – vor allem durch das Wettergeschehen und die Gezeiten verursacht – unterworfen (Abb. 6.7).

Große Braunalgen sind besonders starken Kräften der Brandung ausgesetzt. Sie haben deshalb spezielle anatomische Eigenschaften entwickelt, um diesen Kräften zu widerstehen. Der Sackwurzeltang *Sacchorhiza polyschides* besitzt an der Basis seines *Cauloids* („Stängel") eine quasi-kardanische Lagerung. Die Alge wird dadurch sehr beweglich und gibt der Brandungsenergie perfekt nach. Die Haftorgane (*Rhizoide*) sind stark entwickelt. Sie sind nicht mit echten Wurzeln zu verwechseln. Durch die Rhizoide findet kein Wassertransport wie bei den Gefäßpflanzen (*Tracheophyta*) statt (Abb. 6.4, und 6.5).

Der Riementang (*Himanthalia elongata*) kann mehrere Meter lang werden. Sein riemenförmiger Thallus vergabelt sich gleichmäßig. Er entspringt dem „Napf", der im Spätsommer auf den Felsen des unteren Litorals wächst. Abgerissene Thallusbänder des Riementangs erinnern an Pasta: Im Englischen heißt die Alge denn auch *Sea-Spaghetti* (Abb. 6.6 und 6.7).

Abb. 6.4 Sackwurzeltang (*Sacchorhiza polyschides*): Das Haftorgan ist robust und hohl, der Stängel ist „kardanisch" gelagert, um die Wasserenergie aufzufangen

Abb. 6.5 Die Rhizoide des jungen Zuckertangs (*Saccharina latissima*) sind krallenförmig

Abb. 6.6 Riementang *Himanthalia elongata*

Abb. 6.7 Austern „zementieren" sich förmlich an den Untergrund und können bislang echte Riffe bilden

7

Biotische Faktoren

Zusammenfassung Mikroorganismen, Tiere und Algen können die abiotischen Eigenschaften im Litoral erheblich verändern. Sie wirken direkt oder indirekt auf die Litoralbiozönose. Die Wechselwirkungen zwischen Arten und Individuen sind vielfältig. Es werden deshalb hier nur einige wenige Beispiele stellvertretend erwähnt.

Algen und Photosynthese

In den unteren Bereichen des Litorals bilden Algen regelrechte „Tangwälder" (Abb. 7.1, Kap. 16). Diese wiederum dienen einer Vielzahl von Tieren und anderen Algen als Substrat, Lebensraum und Versteck (z. B. schattenliebende Algen, Krabben, Seespinnen usw.). Manche Algen leben jedoch auch innerhalb von Gezeitentümpeln. Das Wasser der Cuvetten entwickelt über den Gezeitenzyklus hinweg sehr unterschiedliche physikalisch-chemische Parameter. Nicht alle Algenarten ertragen die speziellen Umstände in den Gezeitentümpeln (Kap. 6). Die Algen innerhalb der Cuvetten (Kap. 15) sind verantwortlich für Konzentrationsschwankungen von Sauerstoff und Kohlendioxid sowie von pH-Veränderungen im Cuvettenwasser (Abb. 7.2).

T. Jermann, *Strandführer Atlantikküste und Ärmelkanal*,
https://doi.org/10.1007/978-3-662-71235-1_7

Abb. 7.1 „Algenwald" aus Blasentang

Abb. 7.2 Große Braunalgen – wie diese Laminarien – kommen bei sehr tiefen Wasserständen zum Vorschein

Nahrungsangebot

Das Nahrungsangebot im Litoral ist grundsätzlich sehr hoch, allerdings für die meisten Tiere schlecht verfügbar. Nur wenige Prädatoren können bei Ebbe an der Luft auf die Jagd gehen, und bei Flut ist die Brandung oft gefährlich, weshalb die Jagdmöglichkeiten eingeschränkt sind. Die meisten Prädatoren verhalten sich während der Ebbephasen ruhig. Mit einsetzender Flut werden sie aktiv und verteilen sich schnell über das frisch überflutete Gebiet, wo sie auf Nahrungssuche gehen.

Prädation

Beispiel: Miesmuscheln (*Mytilus edulis*) werden häufig von Purpurschnecken *Nucella lapillus* gefressen. Diese bohren mit ihrer Radula ein kleines Loch in die *Mytilus*-Schale und fressen dann den Inhalt. *Nucella* frisst ebenfalls Seepocken mit derselben Technik. *Mytilus edulis* kann sich im Gegensatz zu den Seepocken gegen die Angriffe zur Wehr setzen: Sie immobilisiert („fesselt") die Purpurschnecken mit ihren *Byssus*fäden (Abb. 7.3).

Abb. 7.3 Von einer Purpurschnecke verspeiste Miesmuschel, das Bohrloch ist kreisrund. Die nordische Purpurschnecke *Nucella lapillus* jagt oft bei Ebbe nach Seepocken und Miesmuscheln

Symbiosen

Die Wachsrose *Anemonia viridis* interagiert mit vielen symbiontischen Partnern: Die Seespinne *Inachus phalangium* und *A. viridis* sind Kommensalen. Dies ist für die Seespinne ein guter Schutz vor Fressfeinden. Sie selbst ist gegen Nesselungen durch ihre Wirtin immun.

Einsiedlerkrebse setzen sich oft Schmarotzerrosen *Calliactis parasitica* auf ihr Gehäuse; diese wachsen schnell fest und nesseln stark. Sie schützen damit die Einsiedlerkrebse vor Fressfeinden; im Gegenzug erhalten sie immer wieder Nahrungsreste des Einsiedlers (Abb. 7.4).

Abb. 7.4 Schmarotzerrosen können zwar alleine leben, aber sie werden oft von Einsiedlerkrebsen als lebendige Verteidigungswaffe benutzt

Konkurrenz

Seepocken konkurrieren untereinander und mit anderen Arten (*Mytilus* oder *Patella*) um Verankerungsplätze/Sitzplätze. Sie siedeln dicht beieinander auf felsigem Untergrund. Wenn sie wachsen, wird der Platz knapp. Oft wachsen sie deshalb in die Höhe anstatt in die Breite.

Konkurrenz ist auch bei den Großalgen in der sublitoralen Randzone auszumachen. Wer schnell in die Höhe wachsen kann, bekommt mehr Licht für die Photosynthese. Klein bleibende Arten sind oft an den Schatten angepasst.

Trophische Beziehungen im Litoral

Trophische Beziehungen beschreiben, welche Arten in einem Ökosystem Nahrung für andere Arten sind. Die Organismen lassen sich je nach ihrer Art der Nahrungsgewinnung in drei Gruppen einteilen: Produzenten, Konsumenten und Destruenten.

Die autotrophen Algen und Bakterien (*Autotrophie*) bilden die trophische Stufe der Produzenten. Sie erzeugen durch Sonnenenergie ihre Nahrung selbst. Davon ernähren sich die Konsumenten (*Heterotrophie*), die ihrerseits nach dem Tod durch Destruenten wieder abgebaut werden (Mineralisation). Die mineralisierten Bestandteile der Tiere und Pflanzen stehen danach wieder den Produzenten zur Verfügung. Die Destruenten spielen im Felslitoral eine bescheidenere Rolle als im Sublitoral oder im Sandwatt. Sie werden deshalb in der folgenden Aufstellung ignoriert (Tab. 7.1).

Tab. 7.1 Abbildung Trophische Beziehungen und Art des Nahrungserwerbs im Litoral

Primärproduzenten, Autotrophie		
Mikroalgen		
Makroalgen		
	einfache Formen	fädig, blättrig, blättrig-rindenförmig *Ectocarpus, Ulva, Pyropia*
	komplexe Formen	rindenförmig, ledrig und Kalkbildner *Fucus, Chondrus, Gigartina, Corallina*
	krustenbildend	flächig *Lithophytum, Mesophyllum*
Konsumenten, Heterotrophie		
Weidegänger, Abweiden pflanzlicher Oberflächen = *Grazers*		
	schaben, abweiden	*Calliostoma, Gammarus, Idotea* sp.
	rechen, harken, schaben	
	graben, bohren, reiben	*Patella, Chiton* lösen Untergrund auf
	beißen, schneiden	Fische, Seespinnen

(Fortsetzung)

Tab. 7.1 (Fortsetzung)

Filtrierer = *Suspension Feeders*		
	individuell	*Mytilus, Balanus*, solitäre Ascidien
	kolonial	*Polychaeta, Bryozoa, Porifera, Ascidia*
Prädatoren		
	bohren, stechen	Schnecken: *Muricidae, Buccinidae, Nucella, Hinia*
	hacken, aufbrechen	Krabben
	extern verdauen	Seesterne
	Tiere abweiden	*Nudibranchia*
	mobile Prädatoren	Fische, Vögel
	sit-and-wait	sessile *Cnidaria*
	Parasiten	*Sacculina* sp.

8

Zonierungen

Zusammenfassung Abiotische Faktoren wie Dauer der Trockenlegung, Wärme, Strömungsgeschwindigkeit, Salinität spielen eine große Rolle bei der Verteilung von Lebewesen auf einem Strand. Toleranz, Resilienz oder Vermeidungsstrategien beeinflussen die „Lebenszonen“ der Arten. Hinzu kommen aber auch Faktoren wie Konkurrenz um die besten Plätze, Wettbewerb um Nahrung oder um Fortpflanzungsgebiete.

Was ist eine Zonierung?

Die Tiere und Pflanzen der Gezeitenzone leben nicht zufällig verteilt auf den Stränden. Im Gegenteil: Die meisten Arten leben in einem definierten Höhenbereich (Zone oder Gürtel), abhängig davon, wie lange sie eine Trockenlegung durch die Ebbe tolerieren können, aber auch abhängig davon, wie gut ihre Konkurrenz dieselbe Situation meistern kann. Diese Zonierung wird durch die Gezeiten etabliert. Anhand einzelner, in großer Zahl vorkommender Tier- und Pflanzenarten lässt sich das Litoral in mehrere vertikal übereinanderliegende, sich meist nur wenig überlappende Zonen unterteilen. Die Dauer des Trockenfallens beeinflusst das Zonierungsmuster am stärksten, aber auch Konkurrenzdruck, Expositionsgrad, Neigung, Felsstruktur, Klima usw. spielen eine wichtige Rolle. Häufig wird das Litoral mit verschiedenen Algenarten in sogenannte Algengürtel zoniert.

T. Jermann, *Strandführer Atlantikküste und Ärmelkanal*,
https://doi.org/10.1007/978-3-662-71235-1_8

Wie kommt es zu einer Zonierung?

Besser an die Trockenlegung angepasste Arten können in der Regel höher gelegene Abschnitte des Strandes noch besiedeln, während weniger angepasste Arten auf die unteren Strandzonen beschränkt bleiben. Je weiter oben am Strand eine Art überleben kann, desto weniger Konkurrenz um Nahrung und Platz wird sie dort vorfinden. Allerdings kann eine solche Art weiter unten am Strand durch andere Arten derart stark konkurriert werden, dass sie dort nicht überstehen kann (Abb. 8.1).

Die unterschiedlichen Zonen sind am Gezeitenstrand durch unterschiedliche Farbbänder deutlich erkennbar. Von oben nach unten sieht man ein gelbes und ein schwarzes Band aus Flechten, hellgraue Bänder aus Seepocken, ein dunkelgraues Band aus Miesmuschelbänken und im unteren Litoral grünbraune Algenbänder. Für die Gliederung des Litorals ist die Zonierung der Braunalgen von großer Bedeutung (Abb. 8.2).

Abb. 8.1 Typische Zonierung an einer exponierten Küste mit starken Tiden

Abb. 8.2 Zonierung an geschützter Küste. Deutlich sind ein gelb-oranges und ein schwarzes „Band“ aus Flechten

Zonierung der Flechten und Braunalgen

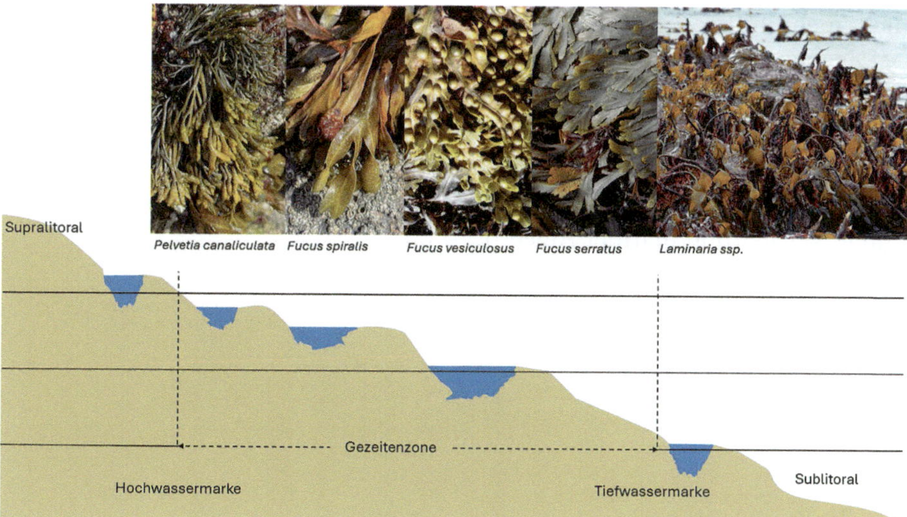

Algenzonierung mit *Fucus*- und Laminarienarten

Den Übergang von Landpflanzen zu marinen Formen bilden im *Supralitoral* (Spritzzone) (Kap. 11) und in der *supralitoralen Randzone* (Kap. 2) zwei Flechtengürtel aus *Caloplaca marina* (terrestrisch) und *Hydropunctaria maura* (marin).

Zuoberst im Eulitoral finden wir den *Pelvetia*-Gürtel (*Pelvetia canaliculata*). Der Rinnentang weist einen entlang der Längsachse leicht eingerollten Thallus auf, in dessen Furchen sich während der Ebbe kurzzeitig noch Wasser halten kann (Austrocknungsschutz). *Pelvetia* kann die bisweilen einwöchigen Trockenphasen gut überstehen, obwohl ihr Thallus vollständig austrocknen und dann sogar leicht splittern kann (Kap. 14).

Unten schließt sich ein nicht immer deutlicher *Fucus-spiralis*-Gürtel an, gefolgt von einem deutlichen *Fucus-vesiculosus*-Gürtel und in geschützten Bereichen von einem *Ascophyllum-nodosum*-Gürtel. In der Bretagne sind die Bestände von *Ascophyllum* in den letzten 20 Jahren stark zurückgegangen und lokal ganz verschwunden. Die Bestände wurden von Massenvorkommen von *Patella* (Napfschnecken) abgefressen. Als Ursache dafür kommen natürliche Populationsschwankungen der Napfschnecken, die eventuell durch Klimaveränderungen begünstigt werden, infrage.

Im unteren Eulitoral bildet *Fucus serratus* dichte Bestände, die von vielen Organismen, welche konstantere, fast schon marine Bedingungen benötigen, als Lebensraum genutzt werden. Der Einfluss der Trockenlegung ist im *Fucus-serratus-Gürtel* erheblich geringer als in den höher liegenden Zonen. An der Grenze zum Sublitoral folgen dann die Laminariengürtel: Fingertang *Laminaria digitata*, darunter Zuckertang *Saccharina latissima* und zuunterst und nicht mehr im Bereich der Springtiden der Palmentang *Laminaria hyperborea*.

Die meisten Algen finden aufgrund der rapide abnehmenden Lichtverhältnisse im Sublitoral in 15–20 m Tiefe im Ärmelkanal ihre untere Verbreitungsgrenze. Einzig Krustenalgen mit kalkigem Thallus, die über Jahre hinweg sehr langsam wachsen, überziehen den Meeresgrund. Man bezeichnet die Gesamtheit dieser am Boden liegenden Kalkalgen als *Maerl*. In der Bretagne liegt die untere Verbreitung mariner Algen bei 45 m.

Seepockenzonierung

Zonierung der Seepocken an einem geschützten Strandabschnitt

Seepockenzonierung: Ab der Spritzwasserzone wächst bereits *Chthamalus montagui* auf den Felsen des Litorals, gleich darunter gefolgt von einem Gürtel mit einem dominanten Anteil an *Semibalanus balanoides*. Über das mittlere bis untere Eulitoral verteilt sich *Austrominius modestus*, eine aus Australien eingeschleppte Art. Da die Australseepocke toleranter gegenüber den abiotischen Umweltfaktoren ist und schneller wächst, verdrängt sie im tieferen Eulitoral und zum Sublitoral hin zunehmend *Perforatus perforatus* und *Balanus crenatus*. Die Übergänge von einem Gürtel zum nächsten sind bei den Seepocken fließend (Abb. 8.3).

Abb. 8.3 *Austrominius modestus*, eine aus Neuseeland und Australien eingeschleppte Seepockenart

Strandschneckenzonierung

Zonierung anhand der wichtigsten Strandschneckenarten *Littorina* spp.

Teil IV

Die Habitate des Litorals und ihre Lebewesen

In der Gezeitenzone lassen sich mehrere Habitate und Biozönosen unterscheiden: Sandwatt, Felswatt, Gezeitentümpel, Tangwälder, Salzwiesen, Dünen … Die Habitate sind so verschieden, dass sich in ihnen auch eigene Biozönosen finden. Das Litoral besteht aus Meeresboden, der – je nach Mondphase und Stärke der Gezeiten – mehr oder weniger lange gegenüber der Luft exponiert wird. Im Litoral leben vor allem benthische Organismen. Pelagische Arten sind in der Gezeitenzone die Ausnahme. Sie „besuchen" das Litoral allenfalls bei Flut oder werden angespült.

Gezeitenstrand mit Sandwatt und Felswatt

Habitat: unbelebte Umwelt, Aufenthaltsbereich einer Tier- oder Pflanzenart innerhalb eines Biotops

Biotop: unbelebte Umwelt, Lebensraum einer Lebensgemeinschaft in einem Ökosystem

Biozönose: Lebensgemeinschaft innerhalb eines *Ökosystems*

Ökosystem/Ökologisches System: Beziehungsgefüge von Lebewesen untereinander (*Biozönose*) und mit einem Lebensraum (*Biotop* oder *Habitat*)

9

Sandwatt – Wie lebt man im Untergrund?

Zusammenfassung Hart- und Weichsubstrate sind grundverschieden. Weichsubstrate finden wir immer dort, wo sich an flach abfallenden Küsten, an Flussmündungen oder auf dem Meeresgrund Sedimente ablagern können. Je nach Korngröße der Sedimente unterscheiden wir zwischen Ton, Silt, Sand oder Kies. Ein Sandstrand stellt einen mechanisch instabilen Lebensraum dar, der als Folge der hydrodynamischen Kräfte der Gezeiten und der Brandung ständigen Umschichtungen und Verformungen ausgesetzt ist. Ein Resultat dieser Kräfte sind beispielsweise die Rippelmarken.

T. Jermann, *Strandführer Atlantikküste und Ärmelkanal*,
https://doi.org/10.1007/978-3-662-71235-1_9

Rippelmarken auf einem Sandwatt

Warum eingraben?

Eine grabende Lebensweise bietet Schutz vor den hydrodynamischen Einflüssen und vor Fressfeinden. Bei Ebbe sorgt das Interstitialwasser für einen gewissen Grad an Feuchtigkeit. Das Leben im Sand ist aber mit einigen Problemen verbunden. So nimmt der Sauerstoffpartialdruck mit zunehmender Tiefe und in Abhängigkeit von der tierischen Biomasse, der Untergrundbeschaffenheit und der Temperatur schnell ab. Die Fortbewegung im Substrat wird durch die hohe Dichte des Sandes stark behindert. Vor allem gewisse räuberische Arten (*Ophioderma*, *Euspira*) kommen damit jedoch erstaunlich gut zurecht und haben dadurch Vorteile gegenüber ihrer Beute (Abb. 9.1).

Abb. 9.1 Der Antennenkrebs *Corystes cassivelaunus* lebt verborgen im Sand

Sauerstoff ist ein knappes Gut

Ab einer Bodentiefe von wenigen Zentimetern sinkt der Sauerstoffgehalt des Interstitialwassers drastisch ab. In rund 25–30 cm trifft man auf eine sogenannte anoxische Zone. Diese praktisch sauerstofffreie Zone ist gut an ihrer Schwarzfärbung erkennbar. Trotz der chronischen Sauerstoffknappheit finden wir im Sandwatt eine vielfältige Infauna (Abb. 9.2).

Der Wattwurm *Arenicola marina* erzeugt in seiner Wohnröhre einen diskontinuierlichen Wasserstrom, dem seine Kiemen 3–50 % des Sauerstoffs entziehen können.

Gewisse grabende Muscheln saugen mit ihren an die Substratoberfläche ragenden Siphonen sauerstoffreiches Wasser an (*Ensis, Tellina*).

Abb. 9.2 Der Untergrund ist Sandwatt ist mobil. Die Sandoberfläche scheint leblos, obwohl es darunter von Tieren nur so wimmelt!

Hydraulische Verankerung

Mollusken und wurmförmige Tiere bewegen sich meist nach demselben Prinzip: Sie treiben zunächst einen schwellbaren Körperteil – bei den Muscheln ist dies der Fuß, bei „Würmern" oft ein Teil des Kopfes – pfeilförmig in den Untergrund, verankern diesen dort durch Schwellung (Muskelkontraktion und/oder Innendruckerhöhung → Funktionsprinzip eines Fahrradschlauchs), anschließend ziehen sie den Körper nach (Schwertmuscheln *Ensis,* Sägezähnchen *Donax,* Kahnfüßer *Scaphopoda*). Andere Möglichkeiten der Fortbewegung sind Verdrängen des Substrats durch Schlängeln (*Amphioxus*), Schaufeln (Krabben) oder Fressen des Substrats (v. a. Würmer). Im Bereich der Gezeitenzone ist die Infauna weit ausgeprägter vorhanden als die *Epifauna* (Abb. 9.3).

Abb. 9.3 Die 15 cm lange Ottermuschel kann sich tief im Sandwatt eingraben. Deutlich sind die schnorchelartigen Siphone zu erkennen. Die Siphone ragen aus dem Sand und versorgen die Muschel mit frischem Atemwasser

Wattwurm *Arenicola marina* – die Odyssee eines Wurmkindes

Der Wattwurm *A. marina* ist in Europa weitverbreitet. Er lebt in schlammig-sandigen Böden in einer J- oder U-förmigen Höhle, die normalerweise bis etwa 20 cm unter die Sandoberfläche reicht. In dieser Tiefe herrschen bereits oft anoxische (sauerstoffarme) Zonen. Der Wattwurm toleriert tiefe Salinitäten bis 12 ‰.

Der Wattwurm produziert einen Atemwasserstrom, der seine gesamte Wohnhöhle durchspült und beim Austritt an der Sandoberfläche einen Einsturztrichter verursacht. Er frisst das herabrieselnde Sediment und verdaut das darin vorhandene organische Material (Mikroorganismen und Detritus). Es wird auch Plankton aus dem überstehenden Wasser durch die Höhle gespült und gefressen. Das Atemwasser hat große ökologische Bedeutung, denn es versorgt die anoxische Zone mit sauerstoffreichem Frischwasser (Abb. 9.4).

Die Fortpflanzung ist komplex: Wattwürmer sind getrenntgeschlechtlich. Im Frühling, im Sommer und im Herbst laichen sie synchron. Die Synchronizität wird dabei durch Pheromone gesteuert. Nach zwei bis drei Jahren sind die Tiere geschlechtsreif, laichen dann einmal pro Jahr, vermutlich über fünf bis sechs Jahre. Die Spermien werden vom Männchen mit Sediment aus seiner Höhle gedrückt; sie bleiben zunächst auf der Sandoberfläche in Kleinstpfützen liegen und werden danach durch die eintreffende Flut auf dem Strand verteilt. Mit dem Atemwasser gelangen die Spermien in die Höhle des Weibchens. Das Weibchen legt die Eier in der Höhle ab, wo auch die Befruchtung

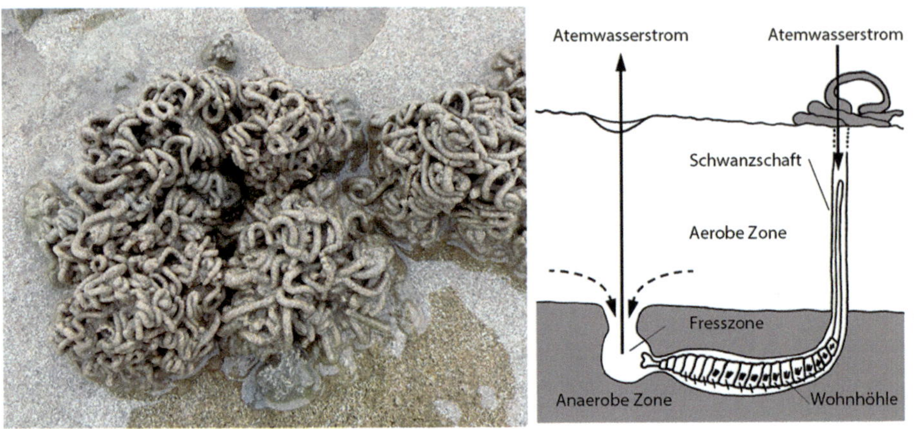

Abb. 9.4 Aus der Wohnhöhle ausgestoßener Sand und Schema einer Wohnhöhle des Wattwurms *Arenicola marina*

erfolgt. *Arenicola*-Höhlen fördern das Wachstum von Mikroorganismen im Boden, die später Futter für die Larven sein werden. Die Larven entwickeln sich in der Höhle der Mutter, bewegen sich dann zur Oberfläche und werden von Strömungen bei Flut an Kiesstrände weggetragen. Für die nächsten Monate entwickeln sie sich in Schleimhüllen verpackt weiter. Danach lassen sie sich – immer noch in den Schleimröhren – von Oberflächenströmungen weggetragen, bis sie wieder zurück auf den Sandstrand kommen, wo sie sich im Sandboden eingraben (Abb. 9.5).

Muschelsammlerin *Lanice conchilega* – wie fange ich das Plankton ein?
In der sublitoralen Randzone ragen wenige Zentimeter lange „Bäumchen" aus dem Sandstrand. Das „Bäumchen" ist das Produkt eines marinen Vielborsterwurms (*Polychaeta*). Der Bäumchenröhrenwurm – auch Muschelsammlerin – *Lanice conchilega* klebt sich eine Wohnröhre aus Sand, Schlamm und Schalenfragmenten zusammen. Am Kopf, der aus dem Sediment herausragt, finden sich feine Verzweigungen des Kopflappens, die an der Basis ebenfalls mit Muschelbruch verstärkt sind und weit ausgestreckt werden können (Abb. 9.6).

Wofür ist denn dieses „Bäumchen" gut? Da jagt eine Spekulation die andere: 1. Der Bäumchenröhrenwurm frisst organischen Detritus von der Sandoberfläche, indem er mit langen Tentakeln die Nahrung „auftupfert". 2. Er fängt mit einem Netz aus Schleim, das am „Bäumchen" aufgespannt wird, umhertreibendes Plankton ein. 3. Die Ästchen stehen senkrecht zur Hauptströmungsrichtung und verlangsamen die Strömung, worauf organisches Material dahinter sedimentiert und gefressen werden kann. Die nächsten Jahre werden vielleicht Aufschluss darüber geben, welche Theorie die richtige ist. Favorit ist Nr. 2!

Abb. 9.5 Ein Strand voller Wattwürmer. Innerhalb weniger Wochen ist der gesamte Sand umgeschichtet. Wie in einem guten Komposthaufen!

Abb. 9.6 Bei Ebbe bleiben die Sandröhren von *Lanice conchilega* am Strand sichtbar

Der Bäumchenröhrenwurm wird zwei bis drei Jahre alt und lebt getrenntgeschlechtlich. Bei der Fortpflanzung im Frühling und Sommer werden die Geschlechtsprodukte direkt ins Meer abgegeben, wo es zur Befruchtung kommt. Es entwickeln sich Larven mit einer planktonischen Phase von etwa zwei Monaten. Die Jungtiere siedeln bevorzugt in der Nähe von adulten Tieren, bevor sie nach einem weiteren Monat weiterziehen und sich an einem neuen Ort erneut ansiedeln. Dieses Juvenilverhalten vermindert die Gefahr, an ungünstige Orte verdriftet zu werden. *L. conchilega* ist ein wichtiger Teil der Ernährung verschiedener Wattvogelarten und von jungen Plattfischen.

Antennenkrebs *Corystes cassivelaunus* – mit dem Schnorchel atmen ist nicht schwer

Der Antennenkrebs *Corystes cassivelaunus* verbringt die meiste Zeit seines Lebens im Sandboden. Dann ragt nur sein „Schnorchel", der aus seinen zwei Antennen geformt wird, über den Bodengrund. Mit dem Antennenschnorchel kann der Krebs frisches Wasser atmen, obwohl er tief im Boden steckt (Abb. 9.7, 9.8, und 9.9).

Abb. 9.7 Der Antennenkrebs *Corystes cassivelaunus* mit seinem „Schnorchel"

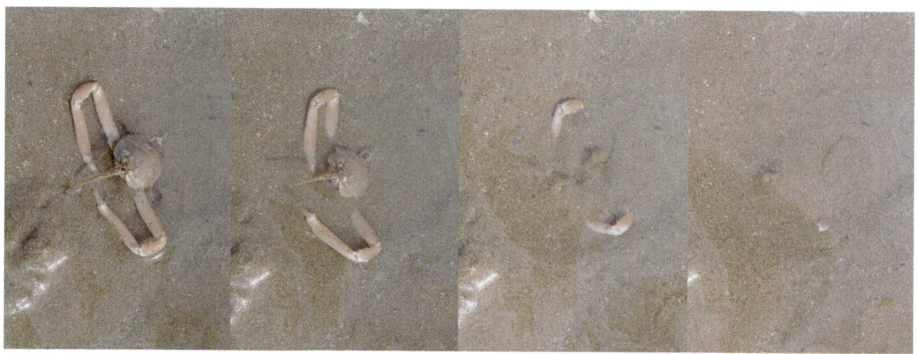

Abb. 9.8 So gräbt sich der Antennenkrebs ein

Abb. 9.9 Antennenkrebse machen Brutpflege: Die Weibchen tragen die bereits befruchteten Eier mit sich herum, damit sie nicht gefressen werden

Sägezähnchen *Donax vittatus* – wie gräbt man sich ein?

Sägezähnchen treten mitunter massenhaft auf. Sie leben nahe dem Tiefwasserstand oder darunter rund 10 cm unter der Sandoberfläche. Wenn Sie ein lebendes Sägezähnchen finden, dann beträufeln Sie es mit etwas frischem Wasser. Nach wenigen Sekunden können Sie beobachten, wie es sich in den Sand eingräbt. Das geht flott voran (Abb. 9.10 und 9.11)!

Abb. 9.10 Sägezähnchenschalen am Strand

Abb. 9.11 Woher der Name „Sägezähnchen" kommt? Kratzen Sie mit dem Fingernagel am Schalenrand!

Bunte Trogmuschel *Mactra stultorum* – die mit den vielen Namen

Mactra stultorum tritt an manchen Stränden zeitweise in Massen auf. Nach ein paar Monaten bleiben davon nur noch die leeren Schalen übrig. Die Muschel hat sehr viele deutsche Namen: *Strahlenkörbchen*, *Strahlenkorb*, *Bunte Trogmuschel* oder *Narrenkappe* sind nur einige davon (Abb. 9.12 und 9.13).

Die Stachelige Herzmuschel *Acanthocardia echinata* lebt in schlammigen Böden in der untersten Gezeitenzone und im Sublitoral. Bei starken Tiden wird sie bisweilen freigelegt (Abb. 9.14).

Abb. 9.12 Bunte Trogmuschel *Mactra stultorum*. Die Schalen leuchten im Gegenlicht

Abb. 9.13 Manchmal tritt die Trogmuschel an den Atlantikstränden massenhaft auf; und so findet man Monate später haufenweise Schalen. Diese sind durchscheinend und sehr zerbrechlich

Abb. 9.14 Die Stachelige Herzmuschel *Acanthocardia echinata* lebt in schlammigen Böden in der untersten Gezeitenzone und im Sublitoral. Bei starken Tiden wird sie bisweilen freigelegt

Einsiedlerkrebse – nie zufrieden mit dem Eigenheim

Entlang der Tiefwasserlinie leben junge Einsiedlerkrebse. Sie sind konstant auf der Suche nach dem optimalen Schneckenhaus, in dem sie leben (Abb. 9.15). Das Schneckenhaus bietet zwar den perfekten Schutz vor Fressfeinden, hat aber immer die falsche Größe (Abb. 9.16). Junge Krebse häuten sich sehr häufig, und nach jedem Häutungsvorgang wächst der Krebs deutlich. Ein neues Gehäuse wird fällig.

Abb. 9.15 Ein Einsiedlerkrebs gräbt sich zwischen zwei Wellen in den lockeren Sandboden ein

Abb. 9.16 Einsiedlerkrebse kann man aufgrund der Scheren unterscheiden. Bei manchen Arten sind die linken Scheren größer, bei manchen die rechten. Und bei einigen sind beide Scheren gleich groß

10

Felswatt – festgemacht am Untergrund

Zusammenfassung Das Felslitoral bildet einen räumlich stark gegliederten Lebensraum. Flache und tiefere Gezeitentümpel (Cuvetten) wechseln sich ab mit trockengelegten Spalten, Höhlen, Ritzen und schattigen wie sonnigen Überhängen; dazwischen finden sich Sandanspülungen. Diese Strukturvielfalt bietet zusammen mit allen möglichen Abstufungen von Licht- und Strömungsexpositionen ein reiches Angebot an Mikrohabitaten. Eine enorme Artenvielfalt ist die Folge.

T. Jermann, *Strandführer Atlantikküste und Ärmelkanal*,
https://doi.org/10.1007/978-3-662-71235-1_10

Die Ebbe legt den Meeresboden frei

Hartsubstrat als Grundlage für Vielfalt

Das Hartsubstrat schafft für sessile und hemisessile Tier- und Pflanzenarten eine Verankerungsmöglichkeit, ohne die ein Überleben in der Brandungszone nicht möglich wäre (Abb. 10.1).

Die Verankerungsmöglichkeiten werden intensiv genutzt: Gewisse Litoralregionen sind vollständig mit tierischen und pflanzlichen Organismen überwachsen, v. a. mit Algen, Muscheln und Seepocken.

Das Hartsubstrat ist die Grundlage für eine Entfaltung von Algenbeständen. Diese wiederum vergrößern die besiedelbare Fläche und schaffen so die ökologischen Nischen für eine reiche Fauna, zum Beispiel *Laminarien*-Gürtel. Gewisse Algen sind in der Lage, als Stütze ein Kalkskelett aufzubauen (*Corallina*) und als Brandungsschutz eine flächige Wuchsform zu bilden (*Lithophyllum*, *Lithothamnion*, *Hildenbrandtia*, usw.) (Abb. 10.2).

Abb. 10.1 Bei Ebbe entstehen Restwassertümpel oder Cuvetten

Abb. 10.2 Kalkinkrustierende Rotalgen

Festhalten, festhalten, festhalten …

Die Festhaltemechanismen der Litoraltiere sind vielfältig und ausgeklügelt: Die meisten Algen formen spezielle Festhalte-*Rhizoide*, da ihnen echte Wurzeln fehlen. Die Zellen der *Rhizoide* schmiegen sich an die feinsten Unebenheiten des Untergrunds und verankern die Algenthalli sicher.

Mytilus (Miesmuschel) bildet mithilfe der Byssusdrüse sogenannte Byssusfäden, die am Substrat haften bleiben und so die Miesmuschel verankern. Diese „Seile" können bei Bedarf gezurrt werden. Auf diese Weise kann *Mytilus* Fressfeinde wie *Nucella lapillus* (Purpurschnecke) immobilisieren. Die Seegurke *Aslia lefevrei* (*Holothuroidea*) zwängt sich mit ihrem ovalen Körper in eine enge Felsritze und verkeilt sich dort. Das Tier verlässt seine Nische nicht, nur ihre Tentakel fangen bei Flut Plankton aus dem vorbeiströmenden Wasser.

Seepocken „verkleben" sich permanent mit dem Substrat (Kap. 14). Ihre planktonisch lebenden *Cypris*-Larven bevorzugen für die Metamorphose Felsen, an denen schon Artgenossen siedeln, und kleben sich dort fest (Klebdrüse am Kopf). Diese Präferenz wird durch eine Proteinkomponente in der Cuticula der erwachsenen Tiere induziert. So minimiert die Seepocke das Risiko, an einer ungeeigneten Stelle festzuwachsen und eventuell den herrschenden Bedingungen nicht gewachsen zu sein. Seepocken können auch andere Tiere überwachsen, zum Beispiel *Mytilus* oder *Patella*; diese werden oft von der Brandung weggerissen, weil ihre Schalen durch den Bewuchs eine große Angriffsfläche für die Wellen bieten (Abb. 10.3).

Manche Krabben wie *Carcinus maenas* haben kräftige, spitz zulaufende Beine, mit denen sie sich sogar in der Brandung sicher am Fels festhalten können.

Abb. 10.3 Unterschiedliche Methoden, sich festzuhalten (von links oben nach rechts unten): Adulte Seepocken sind fest am Gestein zementiert, junge Seepocken (*Cypris*-Larven) benutzen einen Schnellkleber, Miesmuscheln verankern sich mit Byssusfäden, und Algen bilden Rhizoide aus

Saug- und Klebwirkung bei Napfschnecken

Napfschnecken (*Patella*) besitzen einen eigenen Sitzplatz im Fels („Parkplatz“), der dem Schalenrand exakt angepasst ist. Bei kalkigem Untergrund setzt die Napfschnecke dazu Säuren ein; ansonsten wächst ihre Schale auch in die feinsten Vertiefungen des Felsens. Die kegelförmige Schale kann damit das Tier hermetisch von den äußeren Umwelteinflüssen (Regenwasser, Austrocknung) abschließen und liefert zudem eine optimale hydrodynamische Form, welche die Sogwirkung ablaufender Wellen stark herabsetzt. Napfschnecken können sich – ähnlich einem Saugnapf – mit Unterdruck am Felsen fixieren. Allerdings setzen sie zur sicheren Fixierung einen wasserlöslichen Schnellkleber an ihrem Fuß ein. Bei Flut weiden Napfschnecken Algenbewüchse ab, indem sie kreisförmige Wanderungen vollführen. Vor der Ebbe kehren sie, chemotaktisch geleitet, auf ihrer eigenen Kriechspur wieder an ihren Sitzplatz zurück (Abb. 10.4 und 10.5).

Abb. 10.4 Napfschnecken „grasen" mit ihrer Raspelzunge Algen- und Bakterienbestände von Felsen ab

Abb. 10.5 Napfschnecke von unten und auf ihrem „Parkplatz"

Epizoen und Epiphyten besiedeln fast alles

Feste Unterlagen werden von Tieren und Pflanzen besiedelt, solange zu starke Brandung dies nicht verhindert: An der Basis der großen Tange, wie *Saccharina*, *Laminaria* oder *Saccorhiza*, findet man Hydrozoen- und Moostierkolonien (*Bryozoa*), diverse Schnecken (*Gastropoda*), Seescheiden (*Ascidiacea* wie zum Beispiel *Botryllus schlosseri*) sowie unterschiedliche Gelege als *Epibionten* (Abb. 10.6).

Epizoen sind Tiere, die auf Pflanzen oder anderen tierischen Organismen wachsen, *Epiphyten* sind Algen, die auf Tieren oder anderen Algen wachsen. Will man nicht zwischen tierischem und pflanzlichem Aufwuchs unterscheiden, spricht man von *Epibionten*.

Abb. 10.6 Moostierkolonie *Bryozoa* auf einer Rotalge

Was sind Seepocken?

Seepocken sind Krebse. Die Tiere sind mit ihrem Rücken am Felsen festgewachsen und bewegen sich nie vom Fleck. Eine selbstgemörtelte „Mauerkrone“ aus massiven Kalksteinplatten umgibt den fragilen Krebskörper. Es gibt nur eine kleine Öffnung, um die feinen Rankenfüßer wie Planktonnetze ins Meerwasser zu recken. Etwas schroff wirken sie auf den ersten Blick. Wie steinerne Warzen kleben sie zu Millionen auf den Felsen der Küste und warten, bis die nächste Flut wieder Planktonnahrung bringt. Dann öffnen sich die Seepocken für einen Wimpernschlag und sieben mit ihren Rankenfüßen kleine Meeresorganismen, meist Larven des Planktons, aus dem Wasser. Ist die Welle weitergeschwappt, ist auch die Seepocke wieder geschlossen (Abb. 10.7).

Abb. 10.7 Dicht gedrängt mögen sie es am liebsten. Seepocken überwachsen die Küstenfelsen

Abb. 10.8 Mit den Rankenfüßen fischen Seepocken Planktonorganismen aus dem Wasser

Seepocken halten alle Unbill der Gezeitenzone aus. Auch ein heißer Sommertag kann den kleinen festsitzenden Tieren nichts anhaben, denn das stabile Kalkgehäuse schützt sie vor Austrocknung. Gegen die harten Schläge der Brandung schützt das Gehäuse ebenso (Abb. 10.8).

Wie paart man sich, wenn man festgeklebt ist?

Als Seepocke ist man weder Männchen noch Weibchen, man ist beides. Die Krebstiere sind Zwitter, und die Rollenverteilung bei der Fortpflanzung ist wechselhaft: Seepocken in männlichem Zustand tasten mit einem Penis, der ihre eigene Körperlänge um das 10-Fache übersteigen kann, die Umgebung

Abb. 10.9 Junge Seepocken und *Cypris*-Larven. Die Larven sind spindelförmig (leicht oberhalb der Bildmitte zu sehen). Sie kleben sich zwischen zwei Wellen an einem Felsen fest. Eine Klebdrüse am Kopf macht es möglich

nach Artgenossen ab; vielleicht findet sich da ja gerade ein Tier in weiblicher Stimmung? Da die Seepocken immer in großen Ansammlungen leben, stehen die Chancen auf ein erfolgreiches Techtelmechtel gut. Nach der Befruchtung bleiben die Eier im Kalkpanzer des „weiblichen" Elternteils. Im Frühling schlüpfen die Larven und werden ins offene Meer hinausgespült. Sie haben zunächst eine für diese Krebse typische Form, die „*Nauplius*-Larve". Später verwandeln sie sich in eine weitere Larvenform, die „*Cypris*-Larve", die – mit einem kleinen Panzer aus zwei seitlichen Schalen – einer Muschel ähnlich sieht (Abb. 10.9).

Jetzt muss die Larve einen guten Ort für die Ansiedlung finden. Sie riecht ihre Artgenossen, falls solche in der Nähe sind, und heftet sich mit einem ultraschnell haftenden Leim an einem Felsen an. Sie dreht nun den Rücken zum Felsgrund und zementiert sich endgültig fest. Danach häutet sie sich mehrmals innerhalb des nun wachsenden Gehäuses. Die Wachstumsgeschwindigkeit wird von der Wassertemperatur und dem Nahrungsangebot bestimmt. Ihre Fähigkeit, auch glatte Flächen blitzschnell zu besiedeln, bereitet Bootsbesitzern größere Unannehmlichkeiten. Ohne Spezialbehandlung überzieht sich jeder Bootsrumpf in kürzester Zeit mit einem rauen Belag aus Seepocken – auch Fouling genannt–, und schon ist die perfekte Hydrodynamik dahin! Das schnittigste Boot wird zur lahmen Ente. Auch manche Wale kennen einen Bewuchs mit Seepocken. Dabei handelt es sich dann um extreme Spezialisten, die es ausschließlich auf die Haut von großen Meerestieren – Wale oder Schildkröten – abgesehen haben (Abb. 10.10).

Die Seepocken gehören zu den Rankenfußkrebsen (*Cirripedia*) und sind damit eine Teilklasse der Krebstiere (*Crustacea*). Insgesamt sind etwa 800 Arten beschrieben, die allesamt marin sind. Die meisten Arten sind litoral.

Abb. 10.10 Auch Miesmuscheln sind ein beliebtes Substrat für Seepocken, um sich anzusiedeln

Muschelbänke als Mikrokosmos

Mytilus-Bänke bieten mit ihren vielen Zwischenräumen ebenfalls Platz für Organismen. Oft kommt es zur Bildung von sogenannten „mussel beds". Miesmuscheln *Mytilus edulis* heften sich dabei an einen Ersatzhartgrund, wie eine mit Seepocken besetzte Muschelschale. Mit der Zeit sammeln sich Schwemmpartikel und weitere haltsuchende Organismen an, die dann zusammen einen immer größer werdenden Klumpen bilden. In diesen Klumpen bildet sich mit der Zeit eine *Infauna* aus diversen benthischen Arten (*Nereis* sp., *Eulalia viridis*) (Abb. 10.11).

Weitere typische Arten des Felswatts finden Sie in den Kapiteln zum Eulitoral (Kap. 13), den Gezeitentümpeln (Kap. 15) und den Algen (Kap. 16).

Abb. 10.11 Miesmuschelbänke *Mytilus edulis* sind ein Universum für sich

11

Das Supralitoral – die Spritzzone

Zusammenfassung Oberhalb der eigentlichen Gezeitenzone dehnt sich in unterschiedlichem Ausmaß die Spritzzone, das Supralitoral, aus. Das Meer überflutet hier den Untergrund nicht, es benetzt ihn allenfalls bei Stürmen oder Springtiden durch Gischt. Im Supralitoral gedeihen vor allem Flechten und einige salztolerante Blütenpflanzen. Meerestiere sind hier sehr selten.

Zwischen Land und Meer. Die Pflanzen des Supralitorals gedeihen auch im salzigen Umfeld

T. Jermann, *Strandführer Atlantikküste und Ärmelkanal*,
https://doi.org/10.1007/978-3-662-71235-1_11

Flechten schaffen es (fast) immer

Man trifft sie in sibirischer Kälte ebenso wie in den Tropen oder auf hohen Berggipfeln. Auch die rauen Felsen einer Meeresküste können ihnen nichts anhaben. Sümpfe, Moore und Wüsten werden von ihnen besiedelt. Sogar im Weltraum können manche Arten eine gewisse Zeit ungeschützt überleben! Aber vor dem Meer kapitulieren die Flechten! Nur in der Gezeitenzone gibt es ein paar Flechtenarten. Wir nennen sie hier einfach Meeresflechten. Oft werden sie auch marine Flechten genannt. Im Meer gibt es unterhalb der Gezeitenzone keine Flechten (Abb. 11.1).

Flechten sind *die* Pioniere, wenn es um die Besiedelung von nacktem Fels geht. Sie wachsen langsam und können sehr alt werden. Flechten können den felsigen Untergrund an- oder auflösen. Die entstehenden Fragmente ergeben zusammen mit organischem Material einen ersten, sehr mageren Boden für Pflanzen wie Moose. In Spalten sammelt sich nun etwas Humus, später wachsen hier auch Blütenpflanzen (Abb. 11.2).

Flechten sind keine Pflanzen, sie gehören zu den Pilzen. Und auch dort nehmen sie eine exotische Sonderstellung ein.

Sie bestehen aus mindestens zwei komplett verschiedenen Lebensformen: Immer ist ein Pilz mit von der Partie, der für den „Körper" sorgt. Wir nennen diesen ersten Partner den *Mykobionten.* Der zweite Partner wandelt Licht in Kohlenhydrate um, betreibt also Photosynthese und heißt deshalb auch

Abb. 11.1 Flechten in der Spritzzone

Abb. 11.2 Eine Meeresflechte im Grenzbereich: *Lichina confinis* kommt in den obersten Litoralbereichen vor, wo auch *H. maura* und *C. marina* wachsen

Photobiont. Er kann eine Alge sein oder auch eine Cyanobakterie (früher hießen sie Blaualgen). Der Pilz sorgt mit seinem Fadengeflecht für optimale Bedingungen für die Alge; diese betreibt im Gegenzug Photosynthese und ernährt damit den Pilz.

Flechten sind keine Pflanzen, sie sind Symbiosen aus Pilz (*Mykobiont*) und „Alge" (*Photobiont*). Der *Photobiont* besteht meist aus einer Grünalge oder einer Cyanobakterie.

Im oberen Bereich der Gezeitenzone und darüber wachsen auf den Felsen Beläge von Meeresflechten. Flechten sind kuriose Mischwesen. Sie gehören weder zum Reich der Pflanzen noch zu den Tieren, und auch den Bakterien kann man sie nicht zuordnen. Es sind ziemlich spezielle Pilze (Abb. 11.3)!

Abb. 11.3 *Lichina pygmaea* wächst weiter unten im Eulitoral im Bereich von Seepocken. Beide Flechten können, im Gegensatz zu Algen, kein vollständiges und kontinuierliches Untertauchen ertragen und müssen einige Stunden am Tag der Luft ausgesetzt sein

Fakten zu den Flechten

- Es gibt rund 25.000 Flechtenarten. In Mitteleuropa allein kommen etwa 2000 Arten vor.
- Flechten sind Pilze, die in einer engen Symbiose mit Algen oder Cyanobakterien leben.
- Flechten werden nach dem Pilz benannt, der an der Symbiose beteiligt ist.
- In einer Flechte können mehrere *Photobionten* (Phytosynthese treibende Partnerarten) vorhanden sein. Den beteiligten Pilz nennt man *Mykobiont.*
- Manchmal kommt auch mehr als eine Pilzart in einer Flechte vor, aber nur ganz selten.
- Es gibt ein enormes Spektrum an Farben: von Weiß über leuchtendes Gelb, verschiedene Brauntöne, ein kräftiges Orange, Tiefrot, Rosa, Olivgrün, Blaugrün und Grau bis zu Tiefschwarz.
- Der Pilz bildet den eigentlichen Körper der Flechte, ein dichtes Geflecht aus Pilzfäden; dieses heißt auch „Lager". Darin leben wohlbehütet die *Photobionten.*
- Die meisten Flechten bestehen aus mehreren Schichten/Lagern. Fast wie Lasagne sieht das aus …
- Flechten können unter Umständen enorm alt werden. Es gibt Hinweise, dass manche Flechten älter als 4000 Jahre sind.
- Mehr als 20 % der bekannten Pilzarten leben mit einer Alge oder einer Cyanobakterie in einer Flechtensymbiose.

Die Pilze der Meeresflechten gehören zur Verwandtschaft der Schlauchpilze. Das hört sich fremd an? In dieselbe Verwandtschaft gehören auch die Bäckerhefe, viele Schimmelpilze, aber auch Leckereien wie Morcheln oder Trüffeln! In 85 % der Fälle ist der *Photobiont* eine winzige Grünalge. Sie kann jeweils aus einer einzigen Zelle (einzellige Grünalge) oder wenigen Zellen bestehen. Ungefähr 80 Arten von Partner-Grünalgen sind bekannt.

Manche Flechten sehen aus wie Krusten aus Kalk; man würde niemals dermaßen faszinierende Lebewesen dahinter vermuten! Manchmal kommen Grünalgen und Cyanobakterien auch zusammen in einer Flechte vor. Alle pflanzlichen Untermieter der Flechten gibt es in der Natur auch ohne Pilzpartner. Umgekehrt gilt das nicht: Die Pilzpartner findet man nie ohne ihren „domestizierten" *Photobionten*. „Entflechten" lassen sich die Flechtenpartner nur im Labor. Dabei hat sich gezeigt, dass die Algen und Cyanobakterien wieder ihr ursprüngliches Aussehen annehmen und wieder als frei lebende Arten existieren können. Die Pilze hingegen verlieren ihre Gestalt als flechtenbildenden Körper und werden zu unförmigen Pilzgeflechthäufchen.

Wie funktioniert die Symbiose zwischen Pilz und Alge?

Man muss nicht unbedingt von Symbiose zwischen Pilz und *Photobiont* sprechen, vielmehr könnte man die Gemeinschaft problemlos auch „kontrollierten Parasitismus" nennen – wie eine Wohngemeinschaft mit einem Patriarchen. Das wäre dann der Pilz. Die Flechte kann mehr als ihre jeweiligen Komponenten. Erst mit der Symbiose entstehen die flechtentypischen Wuchsformen, und Flechten sind bei extremen Umweltbedingungen robuster als Pilze oder Algen allein.

Die Vorteile liegen jedenfalls zum Hauptteil beim Pilz. Er hat zwar viel Arbeit: Er kontrolliert das Wachstum und die Zellteilungen der Alge, und er hegt und pflegt sie. Der Pilz schützt seine Algen vor Austrocknung. Er umspinnt sie mit seinem Pilzgeflecht und gibt ihnen damit Stabilität. Er versorgt sie mit Wasser. Eigentlich ist die Alge in seinem Körper eine „domestizierte Pflanze", eine Art Nutzpflanze also. Diesen ganzen Aufwand betreibt der Pilz, damit ihm die Algen genügend Nahrung liefern können. Das sind in der Regel Zucker oder Zuckeralkohole. Davon lebt der Pilz. Und genau deshalb können Flechten dort gedeihen, wo es keine oder nur wenige Nährstoffe gibt: auf nackten Felsen, auf Baumrinde oder an salzigen Küsten.

Abb. 11.4 Die orangefarbene Meeresflechte *Caloplaca marina* markiert den Übergang vom Supralitoral zum Eulitoral. Die Flechte bildet entlang von Felsküsten einen orangefarbenen Saum knapp über der Hochwasserlinie

Flechten haben prächtige – fast schon leuchtende – Namen: An den Küsten der Bretagne heißen die wichtigsten Arten *Caloplaca marina*, *Hydropunctaria maura*, *Lichina confinis*, *Lichina pygmaea*, *Ochrolechia parella*, *Ramalina siliquosa*, *Tephromela atra* oder *Xanthoria parietina*. Die ebenfalls leuchtenden Farben sind ein Licht- und UV-Schutz; sie werden vom Pilz geliefert und schützen den *Photobionten*. Meist siedeln die farbenfrohen Meeresflechten in genau definierten Zonen des Gezeitenbereichs, denn ihre Toleranz gegenüber Meersalz ist von Art zu Art unterschiedlich. Die robustesten Arten können sogar mehrere Stunden im Meerwasser überleben, andere ertragen lediglich periodisch salzige Meeresgischt (Abb. 11.4).

Unterhalb von *Caloplaca marina* bildet auch *Hydropunctaria maura* ein – diesmal schwarzes – Band. *C. maura* wird jedoch vom Springtidenhochwasser kurzzeitig (maximal eine Stunde) überflutet. *H. maura* wird oft als Erdölverschmutzung fehlinterpretiert (Abb. 11.5).

Abb. 11.5 Echte Ölverschmutzung, mehrere Jahre alt

Flechten der Küste: **a** *Hydropunctaria maura,* **b** *Anaptychia runcinata*, **c** *Xanthoria parietina*, die Gewöhnliche Gelbflechte, ist von leuchtendem Gelb. Im Zentrum der Flechte erheben sich orangene Fruchtkörper. Im Inland kommt sie gehäuft in Gebieten mit hohem Nährstoffgehalt vor. Sie wächst in ganz Europa außer in der Arktis, **d** Parellflechte *Ochrolechia parella*, **e** Graugrüne Astflechte *Ramalina siliquosa*, **f** Schwarze Kuchenflechte *Tephromela atra*.

Wie haushalten Flechten mit dem Wasser?

Flechten können ihren Wasserhaushalt nicht regeln. Sie haben keine Wurzeln, die aktiv Wasser aufnehmen könnten, und auch gegen Verdunstung können Flechten nicht viel ausrichten. Wenn aber nach einem Regen Wasser zur Verfügung steht, können Flechten wie ein Schwamm in relativ kurzer Zeit viel Wasser aufsaugen. Dazu reicht auch schon Nebel oder hohe Feuchtigkeit.

Eine Meeresflechte muss nicht nur mit wechselnden Wasserständen zurechtkommen, sie muss auch das Meersalz ertragen. Pilze können dies meist nicht gut, deshalb gibt es im Meer sehr viel weniger Pilze als an Land. Bei Trockenheit können Flechten in einen halb toten Zustand wechseln, bei dem sie weder Photosynthese betreiben noch viel Energie verbrauchen. Flechten können so bis zu 90 % ihres Wassergehalts verlieren, ohne zu sterben. Im ausgetrockneten Zustand können sie Extremsituationen wie außerordentliche Hitze oder Kälte und auch hohe Strahlungsintensität überdauern.

Eine solche Ruhestarre ist besonders in kalten Gebieten sehr praktisch, da gefrorenes Wasser für den Stoffwechsel ja nicht verfügbar ist. Es gibt Wüstenflechten, die nach 40 Jahren im ausgetrockneten Zustand durch Befeuchtung „wieder zum Leben erweckt" werden können. Die erneute Wasseraufnahme reaktiviert den Stoffwechsel.

Wachstumsgeschwindigkeit fast null, außer am Meer

Der Lebensrhythmus ist auch Ursache für das bisweilen sehr langsame Wachstum mancher Flechten. Manche Krustenflechten wachsen pro Jahr nur wenige Zehntelmillimeter, Laubflechten meist weniger als einen Zentimeter. Zum langsamen Wachstum trägt die ungleiche Symbiose bei: Die Alge, der *Photobiont*, nimmt nur wenige Prozent des Flechtenvolumens ein, ist aber allein für die Ernährung der gesamten Flechte zuständig!

Das üppigste Wachstum von Flechten ist in subtropischen Nebelwäldern und an den Meeresküsten zu verzeichnen: Dort herrschen nur geringe Schwankungen der Luftfeuchtigkeit und ausgeglichene Temperaturen, und dies sorgt für optimale Wachstumsbedingungen.

Verbreitung und Lebensraum

Die Robustheit der Flechten, die durch die außergewöhnliche Symbiose zustande kommt, erschließt ihnen extreme Lebensräume. Im Himalaya leben Flechten noch in 5000 m Höhe. Es gibt sogar Flechten, die auf blankem Eis wachsen! In Permafrostgebieten überstehen sie in Trockenstarre Temperaturen zwischen −45 °C und +80 °C. Selbst in der Antarktis ist eine große Flechtenvielfalt – mehr als 200 Arten! – zu finden.

Flechten wachsen auf den unterschiedlichsten Untergründen wie Baumrinde, Felsen, Böden, verrostetem Metall, Malerfarbe oder Kunststoffen. Oft sind sie substratspezifisch, das heißt, sie gedeihen nur auf bestimmten Untergründen: manche auf Kalkstein oder Dolomit, andere nur auf saurem Silikatgestein wie Quarz, Gneis oder Basalt.

Je näher man den Flechten betrachtend rückt, desto schöner werden sie: Scheinen sie aus der Ferne noch fahl und gräulich, kommen von nahe bunte Ornamente mit fantastischer Leuchtkraft und bizarrer Struktur zum Vorschein.

Typische Arten des Supralitorals

Strand-Grasnelke *Armeria maritima*

In der Spritzzone ist praktisch kein Humus vorhanden, und die Gefahr der Austrocknung ist allgegenwärtig, weil der karge Boden kaum Wasser speichern kann. Außerdem herrschen auf den Felsen im Sommer extreme Temperaturverhältnisse. Nur ganz wenige Landpflanzen wie die Strand-Grasnelke, der Meerkohl oder der Strand-Wegerich *Plantago maritima* schaffen es, hier zu gedeihen.

Pflanzen des Supralitorals: **a** Strand-Grasnelke *Armeria maritima* **b** Meerkohl *Crambe maritima* **c** Mauerpfeffer *Sedum anglicum* **d** Gewöhnlicher Reiherschnabel *Erodium cicutarium* **e** Meersenf *Cakile maritima* **f** Meerfenchel *Crithmum maritimum*: Seit der Antike wurde der Meerfenchel von Seefahrern genutzt. Sein hoher Vitamin-C-Gehalt hatte vorbeugende Wirkung gegen Skorbut. **g** Weißfilziges Greiskraut *Jacobaea maritima* **h** Stranddistel *Eryngium maritimum*

Hasenschwänzchen *Lagurus ovatus*

Spitze Strandschnecke *Melaraphe* (Syn. *Littorina*) *neritoides*

Die winzige Schnecke ist eine der wenigen Meeresschnecken, die sich über längere Zeiträume über den Meeresspiegel hinauswagen. Sie ist nur maximal 6 mm lang und wird häufig übersehen. Sie übersteht nicht nur mehrere Tage ohne Frischwasser, ihr machen auch Temperaturen bis zu 46 °C nichts aus! Normalerweise „schwemmen" Meerestiere überschüssigen Stickstoff aus dem Stoffwechsel als Harnstoff oder Ammonium aus. Die Spitze Strandschnecke kann sich einen solch hohen Wasserverlust nicht leisten und scheidet den Stickstoff in Form von kristalliner Harnsäure aus! Ihr Kiemenraum ist mit einem speziellen Kapillarnetz ausgestattet, das es ihr ermöglicht, atmosphärischen Sauerstoff aufzunehmen. Sie ist damit eine der am besten ans Landleben angepasste Litoralform (Abb. 11.6).

Abb. 11.6 Spitze Strandschnecke *Melaraphe neritoides*

12

Klippen, Steilküsten und Heide

Zusammenfassung Klippen oder Steilküsten nennt man Küstenabschnitte, an denen sich kein allmählicher Übergang vom Meer zum Festland findet, wie das bei einem Strand oder anderen Flachküsten zu erkennen ist, sondern an denen das Meer auf das vertikal stehende Festland trifft. Die Höhe des Festlandes überragt dabei deutlich den Meeresspiegel. Oft bilden sich auf den Steilküsten spezielle botanische Lebensgemeinschaften wie die atlantische Küstenheide.

Heide- und Steilküstenlandschaft am Ärmelkanal

T. Jermann, *Strandführer Atlantikküste und Ärmelkanal*,
https://doi.org/10.1007/978-3-662-71235-1_12

Klippen und Steilküsten

Die meisten Steilküsten sind durch Abrasion oder Abtragung des Gesteins entstanden. Solche Kliffküsten (Abrasionsküsten, Abtragungsküsten) erleiden durch Brandungserosion einen steilen Abbruch. Das Kliff verlegt sich fortlaufend landeinwärts. Andere Entstehungsgeschichten haben die Steilküsten der Fjorde; durch Gletscher abgeschliffene Täler liegen durch Anstieg des Meeresspiegels zu großen Teilen unter Wasser. Dramatische Fjorde mit senkrechten Felswänden von mehr als 1000 m Höhe sind vor allem aus Alaska, Norwegen oder Neuseeland bekannt (Abb. 12.1, und 12.2).

In den senkrechten *Falaises* am Ärmelkanal finden sich oft Brutkolonien von Meeresvögeln, da die Steilküsten für terrestrische Räuber nicht oder kaum zugänglich sind (Abb. 12.3).

Abb. 12.1 Stechginster dominiert viele Küstenabschnitte der Bretagne

Abb. 12.2 Schlehdorn/Schwarzdorn *Prunus spinosa* an der Küste

Abb. 12.3 Das *Cap Fréhel* mit seiner atemberaubenden Felsküste

Die Atlantische Küstenheide

Die Vegetation der Steilküsten muss den teilweise sehr heftigen Windböen, der Brandung und der salzigen Gischt trotzen sowie in winzigen Spalten wurzeln können. So fehlt die Baumvegetation fast vollständig, und wir finden praktisch keine annuellen, dafür häufig mehrjährige Polsterpflanzen, die wenig windanfällig sind und sich vegetativ vermehren können. In der Nähe von Vogelbrutkolonien siedeln sich oft nitrophile Arten, wie die wilde Malve *Lavatera arborea*, Ampfer *Rumex rupestris* und Meer-Gänsedistel *Sonchus maritimus* an. Als Neophyt aus der Mittelmeerregion ist mit *Senecio cineraria* ein weißfilziger Kreuzkrautvertreter weitverbreitet.

Heidekraut *Calluna vulgaris*

Oberhalb der Spritzzone leiten typische Arten der atlantischen Heide, wie Graue Heide *Erica cinerea*, Stechginster *Ulex europaeus* und *Ulex gallii*, der teilweise von der parasitischen Nesselseide *Cuscuta epiphytum* überwachsen ist, Heidekraut (*Calluna vulgaris*) und Adlerfarn *Pteridium aquilinum*, zur Landvegetation über.

Pflanzen der Steilküsten und der Küstenheide

Leimkräuter an der Steilküste

Typische Klippenvegetation

Oft finden sich unter den Landpflanzen „halbmarine" Vertreter von Familien, die auch aus der alpinen Stufe der Alpen bekannt sind: Dreifingriger Steinbrech *Saxifraga tridactylites*, Mauerpfeffer-Arten *Sedum acre*, *Sedum rupestre*, Fels- oder Strand-Grasnelke *Armeria maritima*, Schuppenmiere *Spergularia rupicola* oder Berg-Sandglöckchen *Jasione montana*, aber auch Spezialitäten der Felsküsten gemäßigter Klimata wie Meerfenchel *Crithmum maritimum*, Venusnabel *Umbilicus rupestris* oder gemeiner Tüpfelfarn *Polypodium vulgare*.

Unterteilung der Küste in botanische Hauptzonen

Hydrohaline Zone	Grenze zwischen Wasser und Land, im unteren Teil von Algen und im oberen Teil zunehmend von Flechten bewachsen
Aerohaline Zone	Spritzwasserzone, der Besiedlungsraum der Blütenpflanzen. Kann stellenweise bis mehrere Kilometer ins Landesinnere nachgewiesen werden
Die Küstenvegetation unterliegt je nach Exposition mehr oder weniger stark dem Einfluss des Meerwassers. Bei Stürmen und starker Brandung wird viel Salz in die Vegetation verfrachtet. Dieses hat großen Einfluss auf das Wachstum der einzelnen Arten.	

Die Klippenvegation der europäischen Atlantikküste besteht aus relativ wenigen Arten, die aber eine typische Florengesellschaft bilden. Folgende Arten finden sich an fast allen Felsküsten Mitteleuropas.

Frühjahrs-Blaustern *Scilla verna*

Klippenvegetation: **a** Pyramiden-Hundswurz *Anacamptis pyramidalis*, **b** Kleines Knabenkraut *Anacampsis morio*, **c** Bienen-Ragwurz *Ophrys apifera*, **d** Spinnen-Ragwurz *Ophrys sphegodes*, **e** Geflecktes Knabenkraut *Dactylorhiza fuchsii*, **f** Atlantisches Hasenglöckchen *Hyacinthoides non-scripta*, **g** Das Atlantische Hasenglöckchen kommt sowohl blau vor … **h** … als auch weiß.

Klippenvegetation: **a & b** Zittergras *Bryza* sp. in der Atlantischen Heide **c** Venusnabel *Umbilicus rupestris,* **d** Der Gallische Stechginster *Ulex gallii* bleibt eher niedrig und blüht fast nie vor dem Juli … **e & f** … im Gegensatz zum Europäischen Stechginster *Ulex europaeus*, der mehrere Meter hoch werden kann und meist vor dem Juli blüht. Sehr stachelig und bei Berührung schmerzhaft sind beide! **g & h** Der Besenginster *Cytisus scoparius* wurzelt tief und bildet, wie bei Hülsenfrüchtlern üblich, Wurzelknöllchen mit stickstoffbindenden Bakterien. Dies erlaubt ihm das Wachstum auf sehr mageren Böden.

Roter Fingerhut *Digitalis purpurea*

Klippenvegetation: **a** Großer Wiesenknopf *Sanguisorba officinalis* **b** Bibernellrose *Rosa spinosissima* **c & d** Gewöhnlicher Reiherschnabel *Erodium cicutarium* **e** Blutroter Storchenschnabel *Geranium sanguineum* **f** Meerkohl *Crambe maritima* **g** Klippen-Leimkraut *Silene uniflora* **h** Besenheide *Callulna vulgaris*.

Klippenvegetation: **a** Graue Heide oder Glockenheide *Erica cinerea* **b** Die Quendelseide *Cuscuta epithymum* befällt als Parasit häufig die Stechginsterbestände der Heidelandschaften. **c** Berg-Sandglöckchen *Jasione montana* **d** Gewöhnlicher Natternkopf *Echium vulgare*

13

Das Eulitoral – die eigentliche Gezeitenzone

Zusammenfassung Der Gezeitenbereich einer Küste erstreckt sich im Monats- und Jahresverlauf über verschieden ausgedehnte Flächen. Bei Nipptiden ist lediglich der mittlere Strandabschnitt von Gezeiten betroffen. Die oben anschließende *supralitorale Randzone* – im Folgenden „obere Gezeitenzone" genannt – wird nur bei Springtiden überflutet, und auch dann nur für kurze Zeit, während die *sublitorale Randzone* – die untere Gezeitenzone – jeweils nur bei Springtiden trockengelegt wird. Diese drei Abschnitte des Eulitorals haben deutlich unterschiedliche Artenzusammensetzungen, weil sie auch sehr unterschiedlichen äußeren Faktoren unterworfen sind.

T. Jermann, *Strandführer Atlantikküste und Ärmelkanal*,
https://doi.org/10.1007/978-3-662-71235-1_13

Darmtang *Ulva intestinalis*

Supralitorale Randzone – obere Gezeitenzone

Manche Stellen der oberen Gezeitenzone werden für lange Zeit nicht mit Frischwasser aus dem Meer versorgt. Die tägliche Dauer der Trockenlegung variiert von wenigen Minuten bis fast zwei Wochen, denn das Meer steigt nur bei Springtiden bis in die obersten Bereiche dieser Zone. Meerestiere ertragen in der Regel keine Trockenlegung, die länger als einige Sekunden bis Minuten dauert. Tiere und Pflanzen der supralitoralen Randzone sind deshalb extreme Spezialisten, die Anpassungen für lange Trockenphasen aufweisen. Die Artenvielfalt ist deshalb in den obersten Bereichen der Gezeitenzone noch bescheiden. Die Phasen mit starker Wasserenergie (Brandungswellen, Gezeitenströmung etc.) sind kurz und beschränken sich auf die Springtidenzeiten.

Midlitoral – mittlere Gezeitenzone

Das Midlitoral ist quasi der „sichere Hafen" der Gezeitenzone. Hier erfolgen (fast) zwei Überflutungen und zwei Trockenlegungen täglich, jede Woche, jeden Monat und jedes Jahr (Kap. 4). Tiere und Pflanzen sind darauf ein-

Abb. 13.1 Miesmuschel *Mytilus edulis*: Die vertikale Verbreitung ist scharf begrenzt

gestellt, dass täglich – zumindest für kurze Zeit – Frischwasser verfügbar ist. Die Dauer der Überflutung variiert stark: In den oberen Midlitoralzonen herrscht täglich nur für wenige Minuten, in den unteren Bereichen für mehrere Stunden Flut.

Typisch für das Midlitoral ist an vielen Stränden das Auftreten von Miesmuschelbänken (Abb. 13.1). Miesmuscheln (*Mytilus edulis*) benötigen täglich frisches Meerwasser mit ausreichend Planktonnahrung. Die Obergrenze der Miesmuschelverbreitung an einem Strand ist deshalb eine scharfe Trennlinie zwischen Midlitoral und supraliltoraler Randzone. Sie definiert biologisch die Obergrenze des Midlitorals.

Sublitorale Randzone – untere Gezeitenzone

In der sublitoralen Randzone herrschen zumeist marine Bedingungen (Abb. 13.2). Meerwasser bedeckt den Meeresboden die meiste Zeit über. Austrocknungsgefahr herrscht selten. Nur bei Springtiden weicht hier das Wasser so weit zurück, dass eine Trockenlegung erfolgt. Die sublitorale Randzone wird dauernd von Brandungsenergie beeinflusst. Die Artenvielfalt ist hier innerhalb des Litorals am höchsten. Auch benthische Arten des Sublitorals besuchen die sublitorale Randzone häufig. So sind hier sogar Tintenfische (*Sepia officinalis* und *Sepiola atlantica*) zu finden, genauso wie Rochen, Seenadeln und Seepferdchen.

Abb. 13.2 In der sublitoralen Randzone nimmt die Artenvielfalt sprunghaft zu

14

Tiere und Pflanzen des Eulitorals

Algen

Allgemeine Informationen zu Algen finden Sie in Kap. 16. Für einige Arten gibt es keine deutschen Namen; in diesen Fällen beziehen wir uns auf den wissenschaftlichen Namen.

Grünalgen *Chlorophyta*

Von den Grünalgen *Chlorophyceae* gibt es über 7000 Arten in 450 Gattungen. Sie leben überwiegend (ca. 90 %) im Plankton und Benthos des Süßwassers, selten an Meeresküsten (Kap. 16).

T. Jermann, *Strandführer Atlantikküste und Ärmelkanal*,
https://doi.org/10.1007/978-3-662-71235-1_14

Algen: **a–c** Grünalgen, **d–f** Braunalgen. **a** Darmtang *Ulva intestinalis* **b** Meersalat *Ulva lactuca* **c** *Codium* sp. lebt bevorzugt in Gezeitentümpeln (Kap. 15). **d** Der Rinnentang *Pelvetia canaliculata* kann vollständig austrocknen und nimmt bei der nächsten Flut wieder Wasser auf. **e** Spiraltang *Fucus spiralis* **f** Blasentang *Fucus vesiculosus*

Braunalgen *Ochrophyta*

Rinnentang *Pelvetia canaliculata*

Der Rinnentang ist buschig und wird 15 cm lang. Von allen Braunalgen wächst er zuoberst im Litoral. Er gibt den ungefähren Wasserstand bei Springtiden an. Die Thalli („Blätter") besitzen auf der Unterseite eine Rinne. Darin sammelt sich oft etwas Wasser. Der Rinnentang übersteht die langen Trockenzeiten mit verdickten Zellwänden und einer großen Toleranz: Er kann bis zu 95 % seines Wassers verlieren und erholt sich wenige Minuten nach Eintreffen der Flut wieder.

Spiraltang *Fucus spiralis*

Wächst gleich unterhalb von *P. canaliculata.* Oft ist eine Überlappung der beiden Arten zu beobachten. Die spiralige Form des Thallus soll einem allzu starken Wasserverlust durch Verdunstung entgegenwirken. *F. spiralis* ist etwas weniger stresstolerant als *P. canaliculata*, wächst dafür aber schneller. Verglichen mit dem weiter unten wachsenden *Fucus vesiculosus* ist *F. spiralis* jedoch weniger stresstolerant.

Blasentang *Fucus vesiculosus*

An den Thallusenden bilden sich aufgeschwollene Fruchtkörper. Diese „Rezeptakel" enthalten die Konzeptakel, in denen Eizellen und Zoosporen gebildet werden. Männliche und weibliche Gameten werden auf unterschiedlichen „Blättern" gebildet (Zweihäusigkeit).

Algen: **a** Sägetang *Fucus serratus* **b** Riementang *Himanthalia elongata* **c** Knopfförmige Sprossbasis des Riementangs *Himanthalia elongata*. Aus den „Knöpfen" wachsen die mehrere Meter langen Vermehrungsorgane, die den Hauptteil des erwachsenen Riementangs ausmachen. **d** Knotentang *Ascophyllum nodosum* **e & f** Fingertang *Laminaria digitata* **g & h** Palmentang *Laminaria hyperborea*

Algen: **a & b** Zuckertang *Saccharina latissima* **c, d, e** Sackwurzeltang *Saccorhiza polyschides* **d** Der „Stiel" ist elastisch und flach. Er ist zudem an der Basis verdreht, was ihm zusätzliche Flexibilität verleiht. **e** Die basale Knolle dient der Verankerung der Alge. Sie ist hohl. Von den *Laminaria*-Arten lässt sich der Sackwurzeltang durch die igelartige Knolle und den abgeflachten Stiel eindeutig unterscheiden. **f** Japanischer Beerentang *Sargassum muticum* **g** Wakame *Undaria pinnatifida* **h** *Bifurcaria bifurcata*, eine Braunalge des Sublitorals

Eingeführt und eingeschleppt

Der Japanische Beerentang *Sargassum muticum* wächst an manchen Küsten des Atlantiks sehr schnell. Die „Beeren“ sind Auftriebskörper der sehr langen Alge. Sie kann so senkrecht im Wasser stehen und dem Licht entgegenwachsen. Der Beerentang stammt ursprünglich aus Japan. Mit der Ansiedelung von Pazifischen Felsenaustern in den USA und Europa wurde er auch in den Ärmelkanal verschleppt. Die Zunahme der internationalen Schifffahrt trägt ebenso zur Weiterverbreitung bei.

Wakame *Undaria pinnatifida* ist in Korea und Japan als essbare Alge sehr geschätzt. Sie wurde zunächst in der Bretagne als Nutzpflanze eingeführt und breitet sich seither im Nordostatlantik aus.

Algen: **a–c** Braunalgen. **a** *Colpomenia peregrina* **b** *Dictyopteris polypodioides* **c** *Dictyota dichotoma* **d–f** Rotalgen: **d** Purpur-Tang *Pyropia* sp.: Der Thallus ist einschichtig, besteht also lediglich aus einer einzigen Zelllage! Pyropia wird in großem Umfang zur Herstellung von Nori (getrocknete, geröstete, gewürzte, papierartige Blätter für Sushi) verwendet. **e** *Calliblepharis jubata* **f** *Chondrus crispus*

Rotalgen

Rotalgen-Arten sind schwer zu bestimmen. Eine gute Lupe und ein Mikroskop sind dazu notwendig. Manche Arten – wie die wenigen folgenden – lassen sich jedoch schon mit bloßem Auge identifizieren. An manchen Stränden des Ärmelkanals lassen sich auf wenigen hundert Metern Küste rund 500 Rotalgen-Arten unterscheiden. Die Vielfalt ist enorm und sprengt den Umfang dieses Buches bei Weitem. Wenn Sie sich besonders interessieren, dann lohnt sich die Anschaffung eines spezialisierten Algenbuches!

Rotalgen: **a** *Mastocarpus stellatus* syn. *Gigartina stellata* **b** *Cladostephus spongiosus* **c** Das „Korallenmoos" *Corallina officinalis* findet sich auch in Gezeitentümpeln. **d** *Ellisolandia elongata* ist – wie *Corallina officinalis* (siehe oben), von der sie nicht immer leicht zu unterscheiden ist – eine kalkinkrustierende Rotalge. Ihr Kalkskelett schützt sie vor der Brandung. **e** *Jania rubens* **f** *Lomentaria articulata* **g** *Heterosiphonia plumosa* **h** *Furcellaria lumbricalis*

Rotalgen: **a** *Palmaria palmata* **b** Die Pfefferalge *Osmundea pinnatifida* ist aromatisch und pfeffrig und mundet sehr! **c** *Grateloupia turuturu* ist ein Neophyt und stammt aus dem Nordwestpazifik.

Schwämme *Porifera*

Schwämme sind einfach gebaute mehrzellige Tiere. Sie sind benthische Filtrierer und ernähren sich von Mikroplankton. Wir kennen heute (2025) etwa 9000 Arten von Schwämmen. Die allermeisten davon leben im Meer. In der Gezeitenzone ist ihre Artenzahl stark durch die widrigen Umweltbedingungen beschränkt. Immerhin sind vom Midlitoral abwärts mehrere Arten zu finden.

Meerorange *Tethya citrina* an der Grenze zum Sublitoral

Schwämme: **a** *Amphilectus fucorum* **b** *Ciocalypta penicillus* **c** Bohrschwamm *Cliona celata* **d** *Grantia compressa* **e** Brotkrumenschwamm *Halichondria panicea* **f** *Hymeniacidon perlevis*

Schwämme: **a** *Polymastia penicillus* **b** *Suberites domuncula* lebt häufig auf Häuschen von Einsiedlerkrebsen. Er ist ungenießbar und bietet einen gewissen Schutz vor Fressfeinden. **c** Meerorange *Tethya citrina*

Nesseltiere *Cnidaria*

Hydrozoen *Hydrozoa*

Hydrozoen sind einfach aufgebaute Nesseltiere. Sie durchlaufen zwei komplett unterschiedliche Lebensstadien: ein festsitzendes, asexuelles Polypenstadium und ein frei schwimmendes, sexuelles Medusenstadium (Qualle oder Meduse). Es sind bis heute etwa 3500 Arten bekannt, deren Länge sich zwischen von wenigen Millimetern bis 40 m bewegen. Die Erscheinungsformen sind entsprechend vielfältig. Die meisten Arten sind marin, es gibt aber auch Süßwasserformen.

Dynamena pumila

Seeanemonen *Actinaria*

Seeanemonen werden auch Seerosen oder Aktinien genannt. Sie gehören wie die Korallen zu den Blumentieren (*Anthozoa*). Sie kommen ausschließlich im Meer vor und sind immer solitäre Nesseltiere. Bis heute sind etwa 1200 Arten und vielfältige Formen an Fortpflanzungsmethoden bekannt. Es gibt getrenntgeschlechtliche, aber auch zwittrige Arten. Sogar Querteilung oder Abschnüren von Körperpartien kommt vor.

Pferdeaktinie *Actinia equina*

Die Pferdeaktinie frisst Fische, Krebse und Mollusken, die sie mit ihren Tentakeln zuerst nesselt und dann in den Mund führt. Sie besitzt 192 spitze Tentakel, die ringförmig um die Mundscheibe angeordnet sind. Zwischen dem äußeren Tentakelkranz und dem Rumpf finden sich auffällig blau schimmernde „Randsäckchen" (*Acrorhagi*). Diese sind mit spezialisierten Nesselkapseln beladen. Pferdeaktinien können bei Ebbe trockenfallen. Sie ziehen dabei ihre Tentakel ein und schützen sich durch Schleimproduktion vor dem Austrocknen (Abb. 14.1).

Die Geschlechter sind nur mit dem Mikroskop unterscheidbar; die Anemonen sind getrenntgeschlechtlich. Die asexuelle Vermehrung findet vor allem in den kälteren Monaten statt: Beide Geschlechter „erbrüten" unter dem Fuß Jungtiere, die bei Flut ins Meer entlassen werden (sogenanntes *Budding*)!

In den warmen Monaten vermehrt sich die Pferdeaktinie vor allem sexuell. Dabei werden die Eier im Muttertier befruchtet. Die sich entwickelnden Em-

Abb. 14.1 *Acrorhagi* von *Actinia equina* (l). Pferdeaktinien ziehen bei Ebbe ihre Tentakel ein. *Actinia fragacea* ist die nächste Verwandte von *A. equina*

bryonen werden mehrere Monate lang im Gastralraum („Magen") des Weibchens ausgebrütet und danach bei Flut entlassen. Wie die Befruchtung funktioniert, ist noch unbekannt.

Erklärungsmöglichkeit für die besondere Fortpflanzungsweise: Pferdeaktinien kommen in zwei Formen vor, die sich nach Größe, Lebensraum und Art der Fortpflanzung unterscheiden. Form eins erreicht einen Durchmesser von 6–7 cm, lebt in der unteren Gezeitenzone und legt Eier (*ovipar*). Form zwei erreicht einen Durchmesser von 2,5–3 cm, lebt in der oberen Gezeitenzone und ist lebend gebärend (*vivipar*). Bei ihnen entwickeln sich die Eizellen schon im Gastralraum zu Planulalarven. Eventuell steuern Umweltfaktoren die Fortpflanzungsweise.

Grüne Anemone, Wachsrose *Anemonia viridis* (Abb. 14.2)

Die Wachsrose lebt im Flachwasser von der mittleren Gezeitenzone bis in 20 m Tiefe. Sie ist sehr gut an Hartsubstrat befestigt, kann sich aber bei Bedarf ablösen und andere Orte aufsuchen. In ihrem Gewebe leben *Zooxanthellen*, welche die Anemone durch Photosynthese mit Zucker versorgen. Die Wachsrose lebt bevorzugt in hellem, direktem Sonnenlicht: Die Zooxanthellen (*Symbiodinium* sp.) erhalten so genug Licht für eine hohe Photosyntheseleistung.

Es gibt mehrere Farbvarianten: In Tiefen unterhalb von 10 m existiert nur die graue Form. Die Systematik ist unklar: Eventuell existieren zwei Arten (*A. viridis* im Atlantik und *A. sulcata* im Mittelmeer) oder sogar drei, die sich sehr ähneln. Die teils stark unterschiedlichen Farbvarianten finden jedoch in der Systematik keinen Niederschlag. Es gibt drei Varianten oder eventuell drei Arten: *A. sulcata*, *A. viridis*, *A. rustica*.

Abb. 14.2 Grüne Anemonen/Wachsrosen *Anemonia viridis* an der Oberfläche eines Gezeitentümpels

Die sexuelle Reproduktion findet von Juni bis August statt. Die Zooxanthellen werden dabei bereits dem Ei mitgegeben. Die Befruchtung findet im Freiwasser statt. Asexuelle Vermehrung ist viel häufiger als sexuelle: Die Wachsrosen vermehren sich durch Längsspaltung. Nach der Spaltung haben beide Teile einen nur unvollständigen Tentakelkranz und einen exzentrischen Mund. Tentakel, Mund und innere Organe werden danach dupliziert und/oder regeneriert. Die Spaltung geht schnell vonstatten (fünf Minuten bis mehrere Stunden) und beginnt an der Fußscheibe.

Die Tentakel werden bei Ebbe nicht eingezogen, um die Photosyntheseleistung nicht zu beeinträchtigen. Sie werden nicht nur zum Nahrungserwerb, sondern auch gegen Artgenossen eingesetzt. Auch außerartliche Verdrängungskämpfe mit *Actinia equina* können beobachtet werden. Wachsrosen leben sowohl in Gruppen als auch einzeln. Oft sind sie die einzige Art von Seeanemonen in einem Gezeitentümpel. Obwohl *A. viridis* stark nesselt, wird sie von Kraken *Octopus vulgaris*, Strandkrabben *Carcinus maenas* und Gestreiften Schleimfischen *Parablennius gattorugine* gefressen. In Gezeitentümpeln, in denen *P. gattorugine* lebt, kommen keine Wachsrosen vor.

Die Ernährung ist planktivor und carnivor und besteht vorwiegend aus Krebslarven, aber auch aus Fisch- und Molluskenlarven. Bei geringem Futterangebot „lichtet *A. viridis* den Anker" und lässt sich von der Gezeitenströmung verdriften. Sie sucht so bessere Futterplätze auf, manchmal entgeht sie auf diese Weise auch der Konkurrenz von Artgenossen (Abb. 14.3).

Abb. 14.3 Grüne und graubraune Varianten der Wachsrose *Anemonia viridis*

Seeanemonen: **a** Edelsteinrose *Aulactinia verrucosa* **b** Schmarotzeranemone *Calliactis parasitica* **c** Einsiedlerkrebs mit Schmarotzerrose **d** Sonnenröschen *Cereus pedunculatus* **e** Seedahlie *Urticina felina* in offenem Zustand **f** … und in eingezogenem Zustand bei Ebbe

Ringelwürmer *Annelida*

Ringelwürmer: **a** Die Sandkoralle *Sabellaria alveolata* ist ein koloniebildender Ringelwurm. Es entstehen oft riffartige Gebilde. **b** Wattwurm *Arenicola marina* (Kap. 9) **c** Grüner Blattwurm *Eulalia viridis*. Komponenten der grünen Pigmente dürften aufgrund ihrer Giftigkeit Beutegreifer davon abhalten, den Blattwurm zu fressen. **d** Der Dreikantröhrenwurm *Spirobranchus triqueter* bildet mit seiner Haut (Cuticula) eine Kalkschale, die ihn sowohl vor Brandung als auch vor Fressfeinden schützt. **e** Der Dreikantröhrenwurm wächst oft in großer Zahl auf Muschelschalen. **f** Muschelsammlerin *Lanice conchilega* (Kap. 9) **g** Der winzige Posthörnchen-Röhrenwurm *Spirorbis spirorbis* besiedelt als Epiphyt häufig Algen, wie hier das Korallenmoos. **h** Posthörnchen-Röhrenwürmer *Spirorbis spirorbis* auf Sägetang *Fucus serratus*

Weichtiere *Mollusca*

Die *Mollusca* (von lat. *molluscus,* weich) sind ein großer Tierstamm. Die Weichtiere leben meist im Meer, es gibt jedoch auch Süßwasser- und Landbewohner. Ihre Körper sind weich, jedoch meist von einer harten Schale geschützt. Weichtiere sind vielfältig in ihrem Aussehen und Verhalten, von einfachen Formen bis hin zu hoch entwickelten Raubtieren wie den Kopffüßern. Es gibt acht Klassen, von denen sich vier häufig im Litoral finden lassen:

- Käferschnecken *Polyplacophora*: etwa 900 Arten mit einer Schale aus acht beweglichen Platten; sie leben auf Felsen und ernähren sich von Algen und kleinen Tieren.
- Schnecken *Gastropoda*: die größte Klasse mit über 60.000 Arten, darunter Land-, Süßwasser- und Meeresbewohner, viele mit spiralförmiger Schale.
- Muscheln *Bivalvia*: über 10.000 Arten; sie besitzen eine zweiteilige Schale und leben meist im Wasser, filtern Nahrung aus dem Wasser.
- Kopffüßer *Cephalopoda*: rund 800 Arten wie Tintenfische und Kraken, mit hoch entwickelten Sinnesorganen und komplexem Verhalten.

Käferschnecken – *Polyplacophora*

Käferschnecken (*Polyplacophora*) sind eine Klasse der Weichtiere mit etwa 900 bekannten Arten, die alle im Meer leben. Als Fossilien treten sie bereits vor 500 Mio. Jahren auf. Käferschnecken besitzen eine Schale, die aus acht beweglichen Einzelplatten besteht, im Gegensatz zu Schnecken, die eine einzelne durchgehende Schale tragen. Die Schalenplatten sind untereinander beweglich verbunden wie die Metallplatten bei einer Ritterrüstung und von einem sogenannten Gürtel (*Perinotum*) eingefasst. Im Gürtel sind Kalknadeln, Kalkschüppchen oder Kalkkörperchen als Verstärkung eingelagert. Eine Mantel-

Abb. 14.4 Käferschnecken leben meist auf der Unterseite von Felsbrocken, die sie nach Fressbarem absuchen

rinne enthält bis zu 88 Kiemenpaare und umgibt Kopf und Fuß. In den Platten sind Hunderte winziger Augenlinsen aus Kristall (Aragonit) eingelagert. Darunter befinden sich lichtempfindliche Organe. Vermutlich erkennen die Käferschnecken damit ihre Feinde. Sie selbst ernähren sich meist von pflanzlichem und tierischem Substrataufwuchs – Algen, Moostierchen, Hydrozoen oder Seepocken (Abb. 14.4).

Schnecken *Gastropoda*

Die Systematik der Schnecken ist größeren Veränderungen unterworfen. Der Übersichtlichkeit halber halten wir uns an die „modifizierte traditionelle Systematik" der Schnecken.

Vorderkiemerschnecken (*Prosobranchia*)

- **Archaeogastropoda – Altschnecken**
  - Seeohren *Haliotis* sp. –
  - Napfschnecken *Patella* sp. –
- **Mesogastropoda – Mittelschnecken**
  - Strandschnecken *Littorina* sp. –
  - Wattschnecke *Hydrobia ulvae* –
  - Pantoffelschnecke *Crepidula fornicata* –
  - Kaurischnecken *Cypraea* sp. –

- **Neogastropoda – Neuschnecken**
  - Herkuleskeule *Murex brandaris* –
  - Nordische Purpurschnecke *Nucella lapillus* –
  - Wellhornschnecke *Buccinum undatum* –
  - Kegelschnecken *Conus* sp. –

Lungenschnecken (Pulmonata)

- Archaeopulmonata – Altlungenschnecken

Hinterkiemerschnecken (Opisthobranchia)

- **Anaspidea**
  - Seehasen *Aplysia* sp. –
  - *Pleurobranchus californicus*
- **Nudibranchia – Nacktkiemerschnecken**
  - Sternschnecken *Doridoidei* –
  - Färöische Hörnchenschnecke *Polycera faeroensis* –
  - Meerzitrone *Archidoris pseudoargus* –
  - Fadenschnecke *Facelina auriculata* –
  - Drummonds Fadenschnecke *Facelina bostoniensis*
  - Violette Fadenschnecke *Flabellina affinis* –
  - Blaue Flugschnecke *Aerola kobaldis* –
  - Weiße Tabakschnecke *Tobacco blanca* –

Die Schnecken *Gastropoda* (griech.: *Bauchfüßer*) sind eine äußerst vielfältige Tiergruppe mit über 60.000 beschriebenen Arten. Manche Autoren vermuten mehr als 150.000 Arten. Die Systematik der Schnecken hat sich in den letzten Jahren mehrfach stark verändert und ist weiterhin im Fluss, da vor allem genetische Untersuchungen neue Erkenntnisse bringen. Die Schnecken werden heute in zwei Unterklassen unterteilt:

Die **Vorderkiemerschnecken** *Eogastropoda* (ehemals *Prosobranchia*) umfassen vor allem Meeresschnecken. Sie zeichnen sich durch ihre Vorderkiemen aus, die sich im vorderen Teil des Körpers befinden.

Hinterkiemerschnecken *Orthogastropoda*: (ehemals *Prosobranchia*, *Opisthobranchia*, *Pulmonata*) haben ihre Kiemen im hinteren Teil des Körpers oder besitzen keine sichtbaren Kiemen. Zu dieser Gruppe gehören die Nacktkiemer *Nudibranchia* und die Sternschnecken *Doridoidei*. Lungenschnecken *Pulmonata* haben in ihrer Mantelhöhle Atemorgane, die atmosphärischen Sauerstoff aufnehmen können. Es sind meist terrestrische Schnecken oder Süßwasserschnecken.

Schnecken besitzen eine spezielle Raspelzunge, die *Radula*, mit der sie Nahrung von Oberflächen abschaben. Die *Radula* ist mit winzigen, extrem harten Zähnen besetzt und wird ständig erneuert. *Homing*-Verhalten: Viele Schneckenarten, wie die Napfschnecken *Patella* spp., zeigen ein erstaunliches Heimfindevermögen. Sie kehren nach ausgiebigen Wanderungen zu ihrem „Parkplatz" zurück, einem spezifischen Ort auf dem Felsen, der perfekt zu ihrem Schalenrand passt. Die Aktivität vieler Meeres- und Küstenschnecken wird von den Gezeiten gesteuert. Napfschnecken zum Beispiel sind während der Tagesflut und der Nachtebbe besonders aktiv.

Seeohr *Haliotis tuberculata* (Abb. 14.5)

Seeohren (auch Meerohren oder Abalonen) (Abb. 14.6) sind Schnecken aus der Familie der *Haliotidae*. Das ohrförmige Gehäuse weist eine Spiralreihe von kleinen Öffnungen auf, die im Verlauf des Wachstums nach und nach

Abb. 14.5 Seeohren besitzen eine perlmuttreiche Schale, weshalb sie gelegentlich auch Irismuscheln genannt werden

Abb. 14.6 Außen ist die Schale in Tarnfarben gehalten, im Innern funkelt die Perlmuttschicht

verschlossen werden. Die jüngsten fünf bis sieben Löcher bleiben jeweils geöffnet. Durch sie kann die Schnecke Abfallprodukte entsorgen und das von Wimpern ins Innere der Mantelhöhle gestrudelte Meerwasser wieder hinausbefördern. Das perlmuttige Innere der Schale wird für die Herstellung von Schmuck verwendet.

Die Tiere zeigen im Innern Relikte einer ursprünglichen Rechts-Links-Symmetrie (Bilateralsymmetrie). Andererseits hat der Fuß einen spiraligen Aufbau, ganz im Gegensatz zu beweglicheren Schnecken. Der muskulöse ovale Fuß gilt in Frankreich und in Ostasien als Delikatesse. Der Fang von Seeohren ist in Frankreich stark reglementiert. Die nördliche Verbreitungsgrenze bildet der Ärmelkanal. *Haliotis tuberculata* ist eine südliche Art. Seeohren „kleben" an Felsen, vor allem an solchen mit inkrustierenden Rotalgen, die sie bevorzugt fressen. Sie kommen vom unteren Litoral bis in 40 m Tiefe vor. Sie sind getrenntgeschlechtlich, und es gibt nur eine äußere Befruchtung. Die *Trochophora*-Larve siedelt nach kurzer frei schwimmender Phase (sechs Tage) mit 2 mm Länge im Litoral.

Gewöhnliche Napfschnecke *Patella vulgata*

Napfschnecken leben an Felsküsten aller Expositionen. Es gibt eine große Vielfalt an Schalenformen und Größen. Viele Arten zeigen eine hohe Toleranz gegen tiefe Salinitäten (bis zu 20 Promille). Sie gehören zu den wichtigsten „*Abweidern*" von Bakterien- und Algenrasen. Sie fressen jedoch auch Großalgen wie *Fucus* spp. oder inkrustierende Rotalgen. Die Algen werden mithilfe der Radula abgeschabt. Die Fressgeräusche sind im Litoral oft deutlich hörbar. Die Zähne der Radula sind extrem hart. Typisch für die Fraßspuren ist ein Zickzack-Schabemuster auf den Felsen. Sogar der Fels kann durch die Radula erodiert werden. Gefressen wird meist während der Tagesflut und während der Nachtebbe (!). Napfschnecken, die auf steilen Felsen leben, sind vor allem aktiv während Nachtebbe, während Napfschnecken auf flachen Stränden während der Tagflut aktiver sind. Dies ist ein komplexes Verhalten, dessen Gründe noch nicht vollständig geklärt sind (Abb. 14.7).

Heimfindevermögen: Napfschnecken finden auch nach ausgiebigen Wanderungen zu ihrem Parkplatz zurück, von dem sie gestartet sind. Sie finden auf den Felsen ihre eigene Schleimspur und können dieser bis „nach Hause" folgen. Dieses „*Homing*" verhindert Austrocknung und ermöglicht ein starkes Anhaften bei Brandung. Hilfreich ist auch die endogene Gezeitenrhythmik der Napfschnecken: Ihre Aktivität wird durch die Gezeiten gesteuert.

Der Parkplatz ist der „Wohnsitz" einer Napfschnecke. Nur dort passt ihr Schalenrand ohne Spalt in die Topografie des Felsens, und nur dort kann sie sich hermetisch gegen äußere Einflüsse abschotten. Am Parkplatz sitzt eine Napfschnecke praktisch unverrückbar. Auf kalkigem Untergrund erzeugt die Schnecke durch Säureabscheidung und Bearbeitung mit ihrer Raspelzunge eine flache Eindellung im Fels, bis die Ränder der Napfschneckenschale perfekt in die Eindellung passen. Auf Silikatgestein passt sich der Schalenrand an den Untergrund an.

Bis vor wenigen Jahren war man der Überzeugung, dass Napfschnecken sich lediglich mit Unterdruck am Felsen festsaugen. Mittlerweile ist klar, dass neben dem starken Unterdruck, den der Saugfuß zusammen mit Mantelrand und Schale erzeugt, eine noch stärkere reversible Klebung vorhanden ist. Napfschnecken kleben sich temporär am Felsen fest und können die Verklebung blitzschnell wieder lösen (Abb. 14.8).

Abb. 14.7 *Patella* sp. an ihrem „Parkplatz", daneben eine Seepocke (l)

Abb. 14.8 Fuß der Napfschnecke *Patella* sp. Gut sieht man hier den Fuß der Napfschnecke, den Schalenrand, der einen Negativabdruck des Untergrunds darstellt, sowie den Mantelrand, der perfekt abdichtet

Napfschnecken sind protandrische Hermaphroditen, sie wechseln ihr Geschlecht also mit zunehmendem Alter von männlich auf weiblich. Manche Individuen bleiben jedoch Männchen. *P. vulgata* reift mit zwei Jahren zum Männchen und wird mit etwa vier Jahren zum Weibchen. Die Laichzeit dauert von Oktober bis Dezember, induziert durch stürmische See und starke Winde. Es gibt nur eine äußere Befruchtung, also keine Paarung. Die Larve – *Trochophora* genannt – ist für einige Tage planktonisch. Die Anheftung der Larve an einem Felsen an der Küste erfolgt bei einer Schalenlänge von 0,2 mm. Die Jungen leben meist in Cuvetten oder in konstant nasser Umgebung (Abb. 14.9).

Das härteste bekannte Material ist Diamant. Das härteste bekannte Biomaterial – das in einem Lebewesen vorkommt – findet sich in den Zähnen der Napfschnecken. Ihre Zähne sind zugfester als Stahl und um ein Vielfaches stabiler als die Spinnenseide, die auf Rang 2 folgt!

Die Zähne der Napfschnecke sind nur rund ein Zehntel eines Millimeters lang. Sie gehören zum Raspelorgan der Schnecken, der *Radula*, mit der die Tiere Algen und Bakterienfilme von Felsoberflächen abweiden. Die winzigen Zähnchen sind erstaunlich elastisch und deshalb viel reißfester, dabei etwa gleich hart wie menschlicher Zahnschmelz. Damit sind sie wohl die härtesten Zähne der Welt. Verantwortlich für die enorme Widerstandskraft der Zähne ist ihr Aufbau aus winzigen Nadeln des Eisenminerals Goethit. Die Nadeln wiederum sind in eine Proteinmasse eingebettet, was wohl ähnlich festigend wirkt wie eine Glasfaserverstärkung.

Abb. 14.9 Kopf mit Mund und zwei Fühlern, Mantelhöhle von *Patella*

Abb. 14.10 Fraßmuster Napfschnecken

Mit diesen Zähnen bewehrt weiden Napfschnecken den Untergrund ab. Dabei „weiden“ sie vor allem an Bakterien- und Algenrasen, aber auch an inkrustierenden Rotalgen oder Braunalgen. Die Geräusche der schabenden Radula sind bei Windstille gut zu hören! Napfschnecken weiden vor allem während der Tagflut und bei Nachtebbe. Die Gründe für dieses Aktivitätsmuster sind nicht abschließend geklärt. Auf ihren Weidegängen produzieren sie auf dem Untergrund typische Fraßmuster, denen sie bei einsetzender Flut wieder zurück zu ihrem Ursprungsort folgen (Abb. 14.10).

Durchsichtige Napfschnecke *Ansates pellucida* (Syn.: *Patella pellucida, Helcion pellucidum, Patina pellucida*)

Die durchsichtige Napfschnecke lebt bevorzugt auf großen Braunalgen wie *Laminaria digitata* und *Laminaria hyperborea*. Größere Exemplare findet man oft in Mulden, die sie in die Algen gefressen haben. *A. pellucida* bewohnt das untere Litoral bis zu einer Tiefe von 25 m und pflanzt sich getrenntgeschlechtlich fort. Die äußere Befruchtung erfolgt vor allem im Winter und Frühling (Abb. 14.11).

Die pelagischen Larven werden im späten Winter und frühen Frühling sessil, vorzugsweise auf inkrustierenden Rotalgen des Litorals. Wenn die jungen Schnecken eine Länge von 2–3 mm erreicht haben, wandern sie abwärts in den Laminariengürtel. Es wird vermutet, dass junge Exemplare keine Laminarien verdauen können. Im Jahresverlauf wandern die Durchsichtigen Napfschnecken vom Tangwedel in Richtung Stängel und Haftorgan, was ihnen möglicherweise hilft, nicht von der Wellenenergie zerschlagen zu werden. Zudem zersetzen sich die Tangwedel im Winter, und die Napfschnecken würden weggeschwemmt werden. Das Timing dieser Wanderung könnte auch mit jahreszeitlichen Veränderungen der chemischen Inhaltsstoffe und der Zusammensetzung der Algen in Zusammenhang stehen. *A. pellucida* kann mithilfe von Schleimfäden von einem Thallus zum nächsten wechseln (Abb. 14.12).

Griechische Schlüssellochschnecke *Diodora graeca*

Die Griechische Schlüssellochschnecke *Diodora graeca*, eine faszinierende Meeresbewohnerin, gehört zur Familie der *Fissurellidae*, der Schlitzschnecken.

Abb. 14.11 Eine Durchsichtige Napfschnecke frisst sich in einen Zuckertang ein

Abb. 14.12 Die Funktion der hellblauen Längsstreifen ist bisher unbekannt

Abb. 14.13 Griechische Schlüssellochschnecke *Diodora graeca*. Auf dem Apex (Schalenspitze) befindet sich ein Loch

Diodora graeca ist vor allem für das charakteristische Loch auf ihrem Apex bekannt, das sich auf der Spitze ihres konischen Gehäuses befindet. Das Loch dient einem wichtigen Zweck: Es erlaubt der Schnecke, Abfallprodukte auszuscheiden und gleichzeitig Sauerstoff aus dem Wasser aufzunehmen, was für ihre Atmung essenziell ist. Der Familienname *Fissurellidae* leitet sich von diesem markanten Merkmal ab, das wie ein kleines Schlüsselloch oder ein Schlitz ausschaut (Abb. 14.13).

Pantoffelschnecke *Crepidula fornicata*

Die Pantoffelschnecke ist eine nordamerikanische Art, die im 19. Jahrhundert mit importierten Austern (*Crassostrea virginica*) eingeschleppt wurde. Die ersten Exemplare tauchten um 1890 in Essex auf; heute ist die Art von Norwegen bis Portugal verbreitet.

Pantoffelschnecken stören in Europa das Wachstum der Austernbänke, denn sie leben hier oft auf Austern und Miesmuscheln. Normalerweise leben sie wie Napfschnecken auf Felsen (Abb. 14.14).

Pantoffelschnecken haben eine spezielle Fresstechnik: Sie bilden eine Art Schleimnetz um sich herum. Darin verfangen sich Planktonorganismen. Ist das „Netz" voll, wird es eingezogen und komplett gefressen.

Pantoffelschnecken neigen zu „Kettenbildung": Mehrere Exemplare unterschiedlicher Größe leben in Reihen aufeinander: zuunterst immer ein großes Tier, dahinter folgen immer kleinere Schnecken in einer Reihe. Es entsteht eine gekrümmte Kette von bis zu zwölf Einzeltieren. Man findet sie oft an Stränden, wenn sie von der Brandung losgerissen wurden.

Protandrischer Hermaphrodit: Die jüngeren, kleineren Männchen leben an der Spitze der Kette, die älteren, größeren Tiere an der Basis sind die Weibchen. Bei *Crepidula* findet eine innere Befruchtung statt. Die Eier werden in Kapseln entweder am Basistier oder an Felsen angeklebt. Dort entwickelt sich der Embryo in drei bis vier Wochen bis zur Veligerlarve, danach verbringt der *Veliger* fünf Wochen pelagisch als Planktont.

Die Jungtiere siedeln danach in Küstennähe auf Felsbrocken und migrieren – mit 3–5 mm Länge – auf eine bestehende Kette. Wer keine Kette findet, siedelt auf einem Felsen, wird zum Weibchen und gründet selbst eine Kette. Pantoffelschnecken werden ca. acht bis neun Jahre alt (Abb. 14.15).

Abb. 14.14 Pantoffelschnecken-Ketten auf einer Pilgermuschel-Schale

Abb. 14.15 Nach Stürmen findet man oft große Mengen an angespülten Pantoffelsc hnecken-Ketten

Schnecken: **a** „Chinesenhütchen" *Calyptraea chinensis*, **b** *C. chinensis* von unten **c** Gestrichelte Buckelschnecke *Phorcus lineatus* **d** Kreiselschnecke *Steromphala umbilicalis* **e** Graue Kreiselschnecke *Steromphala cineraria* **f** Die Bunte Kreiselschnecke *Calliostoma zizyphinum*, eine der schönsten Schnecken Europas, lebt vor allem auf den algenbewachsenen Felsen des unteren Litorals. Sie ist ein Algenfresser

Die **Gestrichelte Buckelschnecke** *Phorcus lineatus* lebt im oberen Litoral und ernährt sich vor allem von Kieselalgen, die sie mit ihrer Radula vom Untergrund abweidet. Es entstehen typische Spuren der Nahrungssuche. An der Innenlippe der Mündung ist ein zahnartiger Vorsprung sichtbar. Daher stammte auch der frühere Name *Monodonta lineata* (Einzähnige Buckelschnecke).

Strandschnecken der Familie *Littorinidae*/*Littorina* und *Melaraphe*

Strandschnecken der Gattung *Littorina* haben durch ihre physiologische Robustheit nicht nur die Gezeitenzone mehrerer Meere besiedelt, sie haben auch sehr unterschiedliche Fortpflanzungsweisen entwickelt. Manche Arten entwickeln sich über pelagische Larven, bevor sie sessil werden. Andere Arten brüten die Embryonen in einer internen Brutkammer aus, bis die Jungen selbstständig sind (*Ovoviviparie*). Sie „klettern" förmlich aus der Mutter. Wiederum andere Arten legen ihre Eier in gelatinösen Kapseln auf Tange und Felsen ab. Daraus schlüpfen später juvenile Schnecken (*Oviparie*).

Gemeine Strandschnecke *Littorina littorea*

Die Gemeine Strandschnecke lebt von Mikroorganismen und Detritus, auch von Grünalgen der Gattung *Ulva*, sie frisst aber keinen Knotentang *Ascophyllum nodosum* (vgl. mit *Littorina obtusata*). Strandschnecken sind getrenntgeschlechtlich. Kopulationen finden im Frühling statt. Die Eier werden in gelatinösen Kapseln ins Meer abgegeben. Eine Kapsel enthält meist drei Eier. Die Kapselabgabe erfolgt synchron mit der Flut. Die Kapseln sind pelagisch und werden mit den Strömungen weggetragen. Nach mehreren Tagen schlüpfen frei schwimmende *Veliger*-Larven. Die *Veliger* driften rund sechs Wochen weiter und siedeln dann im unteren Eulitoral zwischen Seepocken und in Spalten; meist geschieht dies in der Zeit von Juni bis Juli. *L. littorea* ist nach zwei bis drei Jahren und bei einer Schalenlänge von 12 mm geschlechtsreif. Die Lebensdauer beträgt meist mehr als fünf Jahre. Der Bohrwurm *Polydora ciliata* und der Bohrschwamm *Cliona* befallen oft *L. littorea*, was deren Schalen schwächt und sie für Räuber anfälliger macht, insbesondere für *Carcinus maenas*. Gemeine Strandschnecken haben eine gewisse kulinarische und wirtschaftliche Bedeutung erlangt. In Frankreich werden sie im Restaurant als *bigorneaux* angeboten (Abb. 14.16).

Abb. 14.16 Die Gemeine Strandschnecke *Littorina littorea* in einem oberen Litoralabschnitt

Anpassungen ans Litoral

L. littorea sammeln sich bei ablaufendem Wasser an feuchten und sonnengeschützten Orten, ziehen das Gehäuse dicht an den Untergrund und verschließen es bei anhaltender Trockenheit mit einem hornigen Deckel (*Operculum*) auf dem hinteren Ende ihres Fußes. In diesem Zustand überdauern sie drei bis vier Wochen ohne Wasser. Ein winziger Spalt ermöglicht die Sauerstoffaufnahme aus der Luft.

Die Atmung von atmosphärischem Sauerstoff gelingt aufgrund einer Anpassung der Atemorgane. Die Kiemen sind zugunsten der stark durchbluteten Wand der Kiemenhöhle reduziert; dies ermöglicht eine Besiedelung zwischen Land und Meer. In dieser Zone können ihr nur Seepocken gefährlich werden, die sich auf ihren Schalen ansiedeln. Durch einen „Panzer" aus Seepocken können die Schnecken in ihrer Bewegungsfreiheit eingeschränkt werden und absterben.

Flache Strandschnecke *Littorina obtusata*

Die Flache Strandschnecke ist praktisch immer auf *Ascophyllum nodosum*, *Fucus vesiculosus* und *Fucus serratus* zu finden. Sie frisst die drei Arten, obwohl diese starke Abwehrstoffe produzieren, die bei praktisch allen anderen Herbi-

Abb. 14.17 Flache Strandschnecke *Littorina obtusata*. Es gibt einige Farbvarianten: gelb, rot, olivgrün, braun ...

voren heftig abstoßend wirken. Es gibt einige Farbvarianten in Gelb, Olivgrün und Braun. *L. obtusata* lebt getrenntgeschlechtlich mit innerer Befruchtung nach Kopulation. Sie klebt ovale bis nierenförmige Eibehälter an *Ascophyllum nodosum*, *Fucus vesiculosus* und *F. serratus*; darin entwickeln sich jeweils bis zu 280 Eier. Nach vier Wochen schlüpfen junge Schnecken. Es gibt keine Planktonphase! Geschlechtsreif sind die umwerfend hübschen Schnecken nach zwei Jahren; sie leben drei oder mehr Jahre (Abb. 14.17).

Kleine oder Raue Strandschnecke *Littorina saxatilis*

Die etwa 1 cm lange Schnecke ist in ihrer Farbmusterung und Gehäuseoberfläche sehr variabel. Sie lebt von Biofilmen und Flechten und ist ausgesprochen tolerant gegen hohe Temperaturen. Erst bei 36–38 °C verzieht sie sich in schattig-feuchte Felsspalten. Bei langer Trockenheit klebt sie sich eng an Felsen und kann eine Woche praktisch ohne Sauerstoff auskommen. Der Sauerstoff kann direkt in der Mantelhöhle resorbiert werden, die Kiemen sind reduziert. Raue Strandschnecken können einen Monat außerhalb des Wassers überdauern (Abb. 14.18).

Abb. 14.18 Kleine oder Raue Strandschnecke *Littorina saxatilis*

Europäische Kaurischnecke *Trivia monacha*

Die Europäische Kaurischnecke *Trivia monacha* (Abb. 14.19) frisst vorwiegend Seescheiden (*Botryllus schlosseri* und *Botrylloides leachi*) und nutzt diese auch zur Eiablage: Kaurischnecken deponieren ihre bis zu 800 Eier enthaltenden Eikapseln ins Innere der Seescheiden (Abb. 14.20).

Neuschnecken *Neogastropoda*

Wellhornschnecke Buccinum undatum

Die Wellhornschnecke (Abb. 14.21) bevorzugt sandige und schlammige Böden in Tiefen bis zu 200 m. Sie ist ein aktiver Jäger und ernährt sich haupt-

Abb. 14.19 Europäische Kaurischnecke *Trivia monacha*

Abb. 14.20 Die Öffnung der Kaurischnecke ist schlitzförmig. Die Schale ist äußerst robust und dickschalig

sächlich von kleinen Krebstieren, anderen Weichtieren und auch von Aas. Sie bohrt Muschelschalen mit ihrer Radula auf, um an das darin enthaltene Fleisch zu gelangen. Die Weibchen legen nach der Paarung ihre Eier in klumpenförmigen Gelegen (Kap. 19) ab, die an Felsen oder anderen festen Oberflächen befestigt werden. Oft findet man Reste dieser Gelege am Strand. Die Entwicklung der Jungtiere erfolgt vollständig innerhalb der Eikapsel, aus der die fertigen Schnecken nach einigen Wochen schlüpfen. Es gibt also keine planktonische Phase.

Abb. 14.21 Wellhornschnecke *Buccinum undatum*

Nordische Purpurschnecke Nucella lapillus

Für *Nucella lapillus* gibt es mehrere deutsche Namen: Nordische Purpurschnecke, Nordische Steinchenschnecke, „Steinchen". Purpurschnecken leben im Nordatlantik an den Küsten Europas und Nordamerikas sowie in der Nordsee; Sie sind nicht nur auf die Gezeitenzone beschränkt, sondern kommen bis in einer Tiefe von 40 m, bevorzugt auf Felsen, vor.

Die Vielfalt der Farben und Muster bei der Nordischen Purpurschnecke *Nucella lapillus* ist eindrücklich

Purpurschnecken können bis zu zehn Jahre alt werden. Sie sind getrenntgeschlechtlich und nach ein bis zwei Jahren geschlechtsreif. Zum Paaren und Eierlegen sammeln sich oft viele Männchen und Weibchen an einem geschützten Ort, wobei sie in dieser Zeit nicht fressen. Paarungen erfolgen ganzjährig und werden in Abständen wiederholt. Dazwischen werden einige Eikapseln abgelegt. Pro Gelege werden etwa 15–50 flaschenförmige, gelbliche Kapseln an Felsen oder Molluskenschalen angeklebt. Jede Eikapsel enthält etwa 400–600 Eier, von denen sich jedoch lediglich etwa 25 entwickeln. Die übrigen dienen als Nähreier. Das Veliger-Larvenstadium wird in der Kapsel durchlaufen (!). Währenddessen verzehren die Embryonen die Nähreier. Nach etwa vier Monaten entschlüpfen den Kapseln kleine Schnecken mit etwa 2 mm langen Gehäusen (Abb. 14.22).

Purpurschnecken sind räuberisch (Abb. 14.23) und ernähren sich vorwiegend von Seepocken und Muscheln, die sie aufbohren.

Das Sekret der Purpur produzierenden *Hypobranchialdrüse*, enthält Cholinester (*Urocanylcholin*), der bei der Betäubung der Beute eine Rolle spielt und zur Erschlaffung von deren Muskeln führt. Die Schnecke führt dann ihre dünne, verlängerbare Proboscis durch das Loch ins Innere der Beute. Diese

Abb. 14.22 Nordische Purpurschnecke beim Aufbohren einer Miesmuschel (links) und bei der Eiablage (rechts)

Abb. 14.23 Bohrloch in einer Miesmuschel

wird mit Enzymen vorverdaut, sodass die Radula bei der Zerkleinerung keine Hauptrolle spielt. Der Nahrungsbrei wird ausgeschlürft. Eine Purpurschnecke frisst im Sommer eine Seepocke pro Tag und alle zehn Tage eine Miesmuschel. Für das Bohren eines Lochs benötigt sie etwa neun Stunden.

Miesmuscheln verfügen über eine Verteidigungsstrategie gegen Purpurschnecken: Mithilfe ihrer Byssusfäden gelingt es ihnen manchmal, die Schnecken zu immobilisieren und sie verhungern zu lassen (Miesmuschel *Mytilus edulis*).

Purpur aus dem Steinchen
Nucella lapillus war lange Zeit unter dem Synonym *Purpura lapillus* (lat. für Steinchen, Mosaikstein) bekannt. Das Sekret ihrer Hypobranchialdrüse färbt sich unter Lichteinwirkung purpurn und kann zum Färben verwendet werden. In Irland gibt es von den Inishkea-Inseln im County Mayo Funde von einer Färberwerkstatt aus dem 7. Jahrhundert mit aufgebrochenen Steinchenschnecken und gefärbtem Textil.

Gerippte Purpurschnecke Ocenebra erinacea

Ocenebra erinacea lebt räuberisch und ernährt sich hauptsächlich von Muscheln und Seepocken, die sie ähnlich wie die Nordische Purpurschnecke aufbohrt, um an das Fleisch im Innern zu gelangen.

Die Fortpflanzung der Gerippten Purpurschnecke erfolgt durch die Ablage von Eikapseln, die an festen Untergründen befestigt werden. Jede Kapsel enthält mehrere Dutzend Eier, aus denen nach einer Entwicklungszeit von etwa einem Monat fertige kleine Schnecken schlüpfen. Diese durchlaufen kein frei schwimmendes Larvenstadium, sondern entwickeln sich vollständig in der Kapsel. Auch *O. erinacea* produziert wie *N. lapillus* einen purpurnen Farbstoff, der zum Färben von Textilien verwendet wurde (Abb. 14.24).

Abb. 14.24 Die räuberisch lebende Gerippte Purpurschnecke *Ocenebra erinacea* ist häufig kaum zu erkennen. Sie wird leicht von Algen und diversen Epizoen überwachsen

Nabelschnecke Euspira catena

Die Nabelschnecke *Euspira catena* bevorzugt sandige oder schlammige Böden, in die sie sich eingräbt, um sich vor Fressfeinden zu schützen. *E. catena* hat ein charakteristisches, spiralförmiges Gehäuse, das typischerweise cremefarben bis gelblich ist und eine feine, kettenartige Musterung aufweist. Sie ernährt sich hauptsächlich von anderen Weichtieren, insbesondere von Muscheln, die sie mit der Radula aufbohrt (*Ocenebra erinacea* und *Nucella lapillus*).

Die Nabelschnecke produziert zur Fortpflanzung Eikapseln, die in Form von sandigen, schleimigen Ringen am Meeresboden befestigt werden (Kap. 19). Jede Kapsel enthält zahlreiche Eier, aus denen nach einer Entwicklungszeit von etwa zwei Wochen die jungen Schnecken schlüpfen. Diese durchlaufen kein frei schwimmendes Larvenstadium, sondern entwickeln sich direkt zu kleinen fertigen Schnecken (Abb. 14.25).

Netzreusenschnecke Tritia reticulata

Eingegraben in feinem Sand oder Schlamm oder unter Felsbrocken, wartet *T. reticulata* im unteren Eulitoral auf Nahrung. Riecht sie Aas oder andere tierische Nahrung, kriecht sie überraschend schnell und meist in großer Zahl aus

Abb. 14.25 Große Nabelschnecke/Halsband-Mondschnecke *Euspira catena*

Abb. 14.26 Netzreusenschnecke *Tritia reticulata,* unten: bei der Nahrungsaufnahme, rechts: Eikapseln

dem Sediment und macht sich über die Nahrung her. Netzreusenschnecken haben außerordentliche olfaktorische Fähigkeiten und können Duftspuren aus größerer Distanz schnell und präzise folgen (Abb. 14.26).

> Tipp: Nimm ein kleines totes Meerestier (Krabbe, Miesmuschel usw.) und platziere dieses in der sublitoralen Randzone dort, wo es feinen Sand oder Schlamm gibt. Innerhalb weniger Sekunden werden Dutzende von Netzreusenschnecken aus dem Boden hervorkommen.

Netzreusenschnecken pflanzen sich getrenntgeschlechtlich mit innerer Befruchtung fort. Die klaren Eikapseln mit rund 300 Eiern werden im Frühling und Sommer an Seegrashalme (*Zostera marina*), an Felsen oder an Algen abgelegt. Darin entwickeln sich die Schnecken zu Veliger-Larven, die nach dem Schlüpfen etwa zwei Monate lang pelagisch leben. Netzreusenschnecken werden ca. 15 Jahre alt.

Hinterkiemerschnecken *Opisthobranchia*

Nacktkiemerschnecken Nudibranchia

Nacktkiemerschnecken leben ausschließlich im Meer. Sie sind oft auffällig gefärbt und gemustert, außerdem weisen sie im adulten Stadium keine Schale auf. Nacktkiemerschnecken besitzen ausstülpbare Kiemen und *Rhinophoren* auf dem Rücken, die als sensorische Organe dienen. Sie sind weltweit in verschiedenen Meeresökosystemen zu finden, von tropischen Korallenriffen bis zu kalten Tiefseegräben. Ihre Nahrung besteht hauptsächlich aus Schwämmen, Korallen, Seescheiden und anderen sessilen Wirbellosen. Einige Arten sind bekannt für ihre Fähigkeit, giftige Nesselzellen aus ihrer Nahrung zu verwenden, um sich vor Fressfeinden zu schützen (Abb. 14.27).

Lungenschnecken *Pulmonata*

Keltische Lungenschnecke Onchidella celtica

Lungenschnecken leben grundsätzlich an Land. Die Keltische Lungenschnecke *Onchidella* macht hier eine Ausnahme: Sie siedelt von der mittleren Gezeitenzone bis nahe ans Sublitoral. Bei Flut ist sie inaktiv, denn ihre Lungen können unter Wasser keinen Sauerstoff aufnehmen. Immerhin dringt ein kleiner Anteil davon direkt durch die Haut. Bei Ebbe frisst die Schnecke kleine und mikroskopische Algen.

Auf dem Rücken und entlang des Mantelrandes finden sich Drüsen, die eine spiralige weiße Masse aussondern, die offenbar Krabben und Seeanemonen auf Distanz hält (Abb. 14.28).

Abb. 14.27 **a** Seehase *Aplysia punctata*. Die Schnecken können zur Verteidigung eine intensiv lilafarbene Tintenwolke erzeugen. Den Farbstoff gewinnen sie aus gefressenen Rotalgen und stoßen ihn aus einer Drüse auf dem Rücken aus. **b** Der Seehase hat seinen Namen wohl wegen der typischen Kopfform. **c** Meerzitrone *Doris pseudoargus* **d** Gelege der Meerzitrone **e** Meerzitrone mit Kiemenbüschel **f** *Polycera quadrilineata*, eine winzige Hinterkiemerschnecke des unteren Litorals

Abb. 14.28 *Onchidella celtica* macht bei Ebbe Futtersuchwanderungen. Vor der eintreffenden Flut findet sie wieder zurück in ihre Felsspalten, wo sie sich bei Flut versteckt

Muscheln *Bivalvia*

Miesmuschel *Mytilus edulis*

Moules de bouchot in Frankreich

Die Miesmuschel ist in Nordwesteuropa weitverbreitet. Sie lebt vom Nipptidenhochwasser (MHWN) abwärts bis ans Sublitoral (MTWS, siehe Kap. 4); folglich wird sie jeden Tag zweimal überflutet. Miesmuscheln befestigen sich am Substrat mit Byssusfäden, die eine zwar feste, aber auch elastische Aufhängung bilden. Auch in Flussmündungen auf Weichböden ist *Mytilus* anzutreffen; sie ist sehr resistent gegen tiefe Salinitäten von bis zu 0,5 %.

Abb. 14.29 Miesmuscheln bilden sogenannte Muschelbänke. Die einzelnen Individuen „binden" sich mit Byssusfäden aneinander und formen so einen eigenen Lebensraum

M. edulis werden in Frankreich oft „angebaut", als sogenannte *Moules de bouchot*. Die Muschellarven siedeln an Seilen/Tauen aus Naturfasern und werden damit an Pfählen (frz. *bouchots*), die im Gezeitenbereich stehen, aufgebunden und großgezogen. Seesterne, *Nucella lapillus*, *Carcinus maenas* und andere Raubtiere kommen so nicht an die Muscheln heran. Wenn Miesmuscheln in Aquarienwasser gehalten werden, in dem vorher nordische Purpurschnecken lebten, dann bilden Miesmuscheln sofort Klumpen. Die Muschel reagiert auf Duftstoffe der Räuber. Die Clusterbildung reduziert das Prädationsrisiko. Gleichzeitig wird auch die Byssusproduktion verstärkt (Abb. 14.29).

M. edulis „fesseln" *Nucella lapillus* mit Byssusfäden, indem sie gemeinschaftlich entweder neue Byssusfäden produzieren und die Schnecke damit festkleben, oder aber, indem sie die Schnecke in die Nähe kommen lassen und dann die Byssusfäden straff anziehen. Die Schnecke bleibt zwischen den Muscheln stecken und kann sich nicht mehr wegbewegen.

M. edulis ist getrenntgeschlechtlich. Die Gameten werden ins freie Wasser abgegeben. Gelaicht wird im Frühling und Sommer, dabei entlassen die Weibchen fünf bis zwölf Millionen Eier pro Tier. Die bewimperte Trochophora-Larve lebt vorerst noch vom Dottervorrat, bis sie sich zum Veliger umwandelt. Die Veliger-Larve bleibt für vier Wochen planktonisch. Danach versucht sie einen geeigneten Ort für die Metamorphose zu finden. Zuerst befestigt sich die Larve temporär auf filamentösen Algen (*Polysiphonia* sp. oder *Ceramium* sp.), sie ist dann 0,25 mm bis 0,55 mm lang. Nun wächst sie schnell, kann sich vom Untergrund lösen und siedelt wiederum zunächst auf Algen. Während der Metamorphose verliert die *Veliger*-Larve das Velum, das primäre Schwimmorgan. Nach vier Wochen im Plankton sind die Jungmuscheln 1–2 mm lang.

Abb. 14.30 Miesmuscheln werden häufig von Seepocken besiedelt

Nun befestigen sie sich definitiv an bestehenden Muschelbänken. Manche bleiben auch am ursprünglichen Ort oder besiedeln neue Flächen.

In oberen Strandabschnitten können Miesmuscheln bis zu 17 Jahre alt werden (sie wachsen sehr langsam). Normalerweise sind sie nach einem Jahr geschlechtsreif und erreichen ein Alter von fünf Jahren (Abb. 14.30).

Byssus – Muschelseide, Meerseide

Muschelseide wird aus einem Sekret aus den Fußdrüsen verschiedener Muschelarten gebildet, unter anderem von Steckmuscheln *Pinna* sp., Miesmuscheln *Mytilus* sp., Zebramuschel *Dreissena polymorpha*, Riesenmuscheln *Tridacna* sp., und Kammmuscheln *Chlamys* sp.

Viele Muschelarten produzieren nur als Jungmuscheln Byssus, um sich bei der Besiedelung freier Flächen festzuhalten. Bei anderen kann die Byssussekretion zeitlebens andauern. Miesmuscheln können die Verbindung bei schlechten Umweltbedingungen auch wieder lösen.

Einzelne Sekrete mehrerer Drüsen im Fuß bilden phenolische Proteide, die sich vereinigen und gemeinsam zu Haftfäden härten. Byssusfäden haben eine glatte Faseroberfläche ohne Schuppen (Ggs. Haare). Der Faserquerschnitt ist elliptisch und kann deshalb gut von Seidenfasern unterschieden werden. Der Durchmesser der Fasern beträgt 10–45 µm; die feineren Fasern gehören zu den feinsten tierischen Naturfasern überhaupt.

Byssusfäden sind insbesondere im trockenen Zustand wenig reißfest; unter den tierischen Naturfasern wird Byssus in seiner Zugfestigkeit von Spinnenseiden (zum Beispiel von *Araneus diadematus*), Seide und Tierhaaren übertroffen. Byssus kann jedoch in feuchtem Zustand auf das Doppelte seiner Länge gedehnt werden.

Die Byssusfäden von *Mytilus* sp. sind mehrschichtig aufgebaut (!). Sie haben einen Faserkern aus drei kollagenartigen Proteinen (engl. *precollagen*) und einen Fasermantel aus verschiedenen Proteinen (*mussel foot protein*), von denen einige die Korrosion vermindern und andere für Adhäsion verantwortlich sind (Abb. 14.31).

Seit dem Altertum werden die Fasern der im Mittelmeer lebenden Edlen Steckmuschel (*Pinna nobilis L.*) gewonnen. Die aus diesen Fasern hergestellten Gewebe werden ebenfalls als Byssus bezeichnet. Die Fasern sind goldglänzend, sehr dünn und extrem fest und haltbar; sie sind durchaus mit modernen Nylonfäden vergleichbar.

Abb. 14.31 Byssusfäden der Miesmuschel

Die Steckmuschel wird bis zu 1 m lang und ist die weitaus größte Muschel des Mittelmeers. Heute ist die Steckmuschel geschützt, das Handwerk nahezu ausgestorben. Die kommerzielle Fertigung von Byssustextilien in Sardinien endete in den 1940er-Jahren. Byssus wird heute nur noch auf der sardischen Insel Sant'Antioco verarbeitet; dort gibt es zum Thema ein Byssus-Museum.

Die Meermandel *Glycimeris glycimeris* lebt flach eingegraben in feinem Sand oder Schlamm. Sie gilt in Frankreich als Delikatesse

Europäische Auster, *Ostrea edulis*

Die Europäische oder Flache Auster *Ostrea edulis* ist recht selten geworden. Sie hat eine rundliche, dicke, unregelmäßige Schale und wird bis 10 cm lang. Die Schalenhälften sind ungleich: Die untere/linke Schale ist konvex, die obere/rechte flach. Die linke Schale ist fest an das Substrat zementiert. Austern besitzen nur einen einzelnen *Adduktor*-Muskel (Abb. 14.32).

Abb. 14.32 Europäische Auster *Ostrea edulis*

Die Flache Auster kommt im Litoral bis in 80 m Tiefe, ebenso in Ästuaren vor, denn sie erträgt tiefe Salinitäten bis 23 ‰. Sie ist kommerziell sehr wichtig, wird aber leicht Opfer einer Vielzahl von Seuchen, Parasiten oder Räubern: *Crepidula*, *Asterias*.

Fortpflanzung: Europäische Austern sind Hermaphroditen. Bei der ersten Reife sind sie männlich und wechseln dann das Geschlecht. Nach dem ersten Laichen wechseln sie regelmäßig zwischen männlich und weiblich. *O. edulis* laicht zweimal pro Saison (Juni–August) und fungiert dabei einmal als Männchen und einmal als Weibchen. Es gibt eine innere Befruchtung, die Spermien dringen durch die Atemwasserströmung ein.

Die Eier hängen zunächst an den Kiemen und wechseln die Farbe von Weiß über Grau zu Schwarz. In dieser Zeit sind die *O. edulis* nicht essbar (*white sick*, *grey sick* oder *black sick*). Befruchtete Eier bleiben für ein bis zwei Wochen in der Auster. Danach werden *Veliger*-Larven ausgestoßen, die eine zwei Wochen dauernde planktonische Phase durchlaufen. In der anschließenden Metamorphose entwickelt sich ein beweglicher Fuß, der die Fortbewegung über Hartsubstrat ermöglicht. Wenn ein geeigneter Untergrund gefunden ist, produziert die Byssusdrüse einen gut haftenden Zement. Damit „klebt" sich die Auster permanent fest. Die linke Schale wird auf dem Substrat fixiert. Die Auster bevorzugt einen Untergrund, auf dem bereits Artgenossen leben. Ihre Lebenserwartung beträgt normalerweise 6 Jahre, allerdings sind auch 30 Jahre alte Austern bekannt.

Pazifische Felsenauster *Magellana gigas*

Die Felsenauster wurde in europäischen Marikulturen in den 1960er- und 1970er-Jahren eingeführt, denn sie wächst schneller als *Ostrea edulis* und ist resistenter gegen Krankheiten. Mittlerweile machen *Magellana gigas* mehr als 90 % der Zuchtaustern aus. *M. gigas* reift zuerst als Männchen und wechselt dann das Geschlecht zum Weibchen. Manche bleiben für immer Männchen.

Die Art bricht immer häufiger aus Zuchten aus. Man glaubte, die Felsenauster könne sich außerhalb der Farmen nicht vermehren, was für Frankreich, England und Wales nicht zutrifft, für Schottland jedoch schon (Abb. 14.33).

Pilgermuschel *Pecten maximus*

Man kennt in Europa zwei Arten von Pilgermuscheln, die nicht einfach zu unterscheiden sind: *Pecten maximus* und *P. jacobaeus*. Ob diese Unterscheidung haltbar ist, ist allerdings strittig. *P. jacobaeus* kommt endemisch im

Abb. 14.33 **a** Pazifische Felsenauster *Magellana gigas* **b** Stachlige Herzmuschel *Acanthocardia echinata* **c** Essbare Herzmuschel *Cerastoderma edule* **d** Die Sattelmuschel *Anomia ephippium* befestigt sich mit einem verkalkten Byssus am Untergrund. **e** Die Bunte Kammmuschel *Chlamys varia* lebt fest verankert im felsigen Litoral. Sie besitzt wie die verwandte Pilgermuschel an ihrem Schalenrand Dutzende von Linsenaugen. **f** Mantelrand mit Augen von *Chlamys varia*

Mittelmeer vor, *P. maximus* im europäischen Atlantik von Norwegen bis Portugal, aber auch im Mittelmeer, von der unteren Gezeitenzone bis ins Sublitoral bis 110 m (Abb. 14.34).

Spektakuläre Fluchtstrategie: Pilgermuscheln fliehen bei Annäherung eines Seesterns schnell rückwärts in die Höhe. Sie verfügen über ca. 60 gut ausgebildete Linsenaugen und eine Unzahl chemosensorischer Tentakel am Mantelrand. Damit können sie Feinde sicher identifizieren.

Abb. 14.34 Pilgermuschel *Pecten maximus*. Die großen Muscheln haben ca. 60 gut ausgebildete Linsenaugen und eine Unzahl chemosensorischer Tentakel am Mantelrand

Die Asymmetrie der Pilgermuscheln ist ausgeprägt: Die beiden Schalen sind ungleich geformt: Die rechte/untere Schale ist stark konvex, die obere/linke hingegen flach. Diese Form erlaubt der Muschel ein schwimmendes Vorwärtskommen: Durch rhythmisches Auf- und Zusammenklappen der Schalen entsteht im Innern der Mantelhöhle wie bei einem Blasebalg ein Überdruck, der sich über die „Flügel" (Düsen auf jeder Seite des Schlosses) entlädt. Die Muschel hüpft davon, und die ungleichen Schalen sorgen dafür, dass sie immer wieder auf der Bauchseite (rechte Schale) zu liegen kommt.

Pilgermuscheln sind Hermaphroditen. Die Gameten werden ins freie Wasser entlassen und dort befruchtet. Die sich aus den befruchteten Eiern entwickelnden Veliger-Larven leben für etwa 3–4 Wochen planktonisch und siedeln danach an Algen, Bryozoen oder Hydrozoen. Die jungen Pilgermuscheln bleiben zunächst mit Byssusfäden am Untergrund fixiert, bis sie 4–13 mm lang sind. Der Byssus geht dann verloren. Danach leben sie benthonisch auf Sand- oder Schlammgrund. Erstmals laichen sie nach zwei Jahren. Die Laichperiode ist sehr lang und zeigt zwei Spitzen im Frühling und Herbst. Pilgermuscheln können 20 Jahre alt werden.

Pilgermuscheln sind am Ärmelkanal von enormer Bedeutung; das kleine Städtchen Erquy ist der größte Produzent von *Coquilles Saint-Jacques* und der viertgrößte Fischereihafen Frankreichs. Die *Coquilles* werden nachhaltig in der Bucht von Saint-Brieuc produziert und genossenschaftlich bewirtschaftet.

Sägezähnchen *Donax vittatus* leben im Sandwatt etwa 10 cm unterhalb der Sandoberfläche. Sie können sich schnell und ruckartig im Sand eingraben. Ihr gezähnter Schalenrand ist arttypisch (Abb. 14.35 und 14.36).

Abb. 14.35 Sägezähnchen *Donax vittatus*

Abb. 14.36 Sägezähnchen treten bisweilen in Massen zutage, wenn sie ihr Lebensalter erreicht haben

Abb. 14.37 Schwertmuschel oder Schwertförmige Scheidenmuschel *Ensis ensis* (l) und Taschenmessermuschel *Pharus legumen* (r)

Schwertmuschel *Ensis ensis*, Taschenmessermuschel *Pharus legumen*

Die Schwertmuschel *Ensis ensis* und die Taschenmessermuschel *Pharus legumen* leben in sandigen und schlammigen Küstengebieten. Die Muscheln graben sich senkrecht im Sand ein und können sich blitzschnell zurückziehen, wenn sie gestört werden. Sie leben von Plankton, das sie durch ihre Siphonen einsaugen (Abb. 14.37).

Kopffüßer *Cephalopoda*

Im Litoral findet man häufig angeschwemmte Gelege des Gemeinen Tintenfisches *Sepia officinalis* (Kap. 19) und des Kalmars *Loligo vulgaris* (Kap. 19).

Bei Springtiden werden jedoch manchmal Bereiche des Litorals freigelegt, in denen die winzige **Zwergsepia** oder **Atlantische Sepiole** *Sepiola atlantica* vorkommt (Abb. 14.38). Sie wird nur maximal 2 cm lang. Ihre Flossen sind kurz und überragen den Mantel nicht. Zwergsepien tragen in ihrer Mantelhöhle nierenförmige Leuchtorgane (*Photophoren*) auf beiden Seiten des Tintenbeutels. Diese Leuchtorgane erfüllen wichtige Funktionen in der Kommunikation, in der Tarnung und beim Beutefang.

Abb. 14.38 Zwergsepia *Sepiola atlantica*

Gliedertiere *Arthropoda*

Felsenkriecher sammeln sich häufig in großen Gruppen auf der Wasseroberfläche von Gezeitentümpeln oder auf den Felsen des oberen Litorals

Felsenkriecher *Anurida maritima*

Springschwänze (*Collembola*) gehören zusammen mit den Insekten zu den *Hexapoda*, einer üblicherweise nichtmarinen Gruppe von Gliedertieren. Springschwänze sind für ihre außergewöhnliche Anpassung an das Leben in extremen Umgebungen bekannt. Der Felsenkriecher *Anurida maritima* ist dafür ein bemerkenswertes Beispiel. Er lebt auf den Felsen der oberen Gezeitenzone und auf der Wasseroberfläche von Gezeitentümpeln (Kap. 15).

Abb. 14.39 Felsenkriecher *Anurida maritima* können auf dem Wasser gehen; die Fähigkeit anderer Springschwänze, mithilfe eines speziellen Organs (*Furcula*) zu springen, haben sie allerdings verloren

Die winzigen dunkelblau gefärbten Tiere müssen den wechselnden Wasserständen und den damit verbundenen Umweltbedingungen trotzen. Sie sind an den Küsten von Europa, insbesondere des Atlantiks und der Nordsee, weitverbreitet.

Ihre Körper sind mit wasserabweisenden Haaren bedeckt, die sie vor dem Austrocknen schützen und ihnen helfen, auf der Wasseroberfläche zu „schwimmen". Sie werden dabei nicht nass! Außerdem können sie Sauerstoff über ihre Haut aufnehmen, was es ihnen ermöglicht, sowohl in der Luft als auch im Wasser zu atmen. *Anurida maritima* ernährt sich hauptsächlich von Algen und organischem Detritus, der von den Gezeiten angeschwemmt wird (Abb. 14.39).

Die Felsenkriecher bewegen sich oft in Gruppen über die Felsen, um Nahrung zu suchen. Dieses kollektive Verhalten bietet ihnen Schutz vor Raubtieren und erleichtert die Nahrungssuche.

Die Fortpflanzung erfolgt durch Eier, die in feuchten Spalten abgelegt werden.

Krebstiere *Crustacea*

Krebstiere (*Crustacea*) sind eine große und diverse Klasse der Gliederfüßer, die sowohl in Ozeanen und Süßgewässern als auch auf dem Land vorkommen.

Zu den bekanntesten Gruppen von Krebsen zählen Seepocken, Krabben, Garnelen und Asseln. Krebstiere haben ein hartes Exoskelett, das Schutz bietet und regelmäßig durch Häutung erneuert wird, um ein Wachstum zu ermöglichen. Ihr Körper ist in der Regel in drei Segmente unterteilt: Kopf, Rumpf (*Thorax*) und Hinterleib (*Abdomen*), wobei die Anzahl und Funktion der Anhänge je nach Art stark variieren können. Bei Krabben sind Kopf und Thorax zu einem *Cephalothorax* verschmolzen.

Seepocken Cirripedia

Charles Darwin führte seine Untersuchungen zur Evolutionstheorie an Rankenfußkrebsen durch. Insgesamt gibt es etwa 800 Arten. Alle sind marin, die meisten davon leben im Litoral. Es gibt aber auch Seepocken in Korallenriffen, in Mangroven, an schwimmenden Objekten, als Parasiten in anderen Tieren oder angewachsen auf größeren Tieren. Seepocken sind Krebse, die mit dem Rücken am Untergrund festgewachsen sind. Der Hinterleib ist reduziert, der Körper kurz und gedrungen und in ein Exoskelett aus 4 oder 6 Kalkplatten (Mauerkrone) eingepackt.

Bemerkenswerte Fortpflanzung (Kap. 10): Seepocken sind in der Regel Zwitter. Die Tiere übernehmen – je nach Umstand – entweder die weibliche oder die männliche Rolle. Viele Arten können das Geschlecht bei Bedarf wechseln. Mit einem „Riesenpenis", der (je nach Autor) dem 10- bis 40-Fachen der Körperhöhe entspricht, versucht ein Tier in männlicher Rolle, ein Weibchen zu begatten. Aus dem Ei entwickelt sich eine *Nauplius*-Larve, welche die erste Zeit im Carapax des Weibchens verbringt. Danach verlässt die Larve den Carapax, um dann planktonisch ein nächstes Larvenstadium (Metanauplius) zu durchlaufen, und entwickelt sich weiter zur *Cypris*-Larve. Um sich vollständig in die Adultform umzuwandeln, heftet sich die *Cypris*-Larve, die aussieht wie eine mikroskopisch kleine Muschel, mit dem Vorderkopf an eine feste Unterlage. Das geschieht vorzugsweise dort, wo Duftstoffe darauf hinweisen, dass es bereits Artgenossen gibt. Ist der Anheftungsvorgang gelungen, wächst die junge Seepocke mit dem „Rücken zur Wand" endgültig fest und bildet die Mauerkrone aus (Abb. 14.40).

Seepockenkleber: Seepocken heften sich mit einem speziellen Kleber an alle möglichen Oberflächen – sogar an Schiffe oder Wale. Zu diesem Zweck sondern sie einen Leim ab, der so stark ist, dass sich die Tiere sogar in der Gezeiten-

Abb. 14.40 Adulte Seepocken (rechts), frisch angeheftete *Cypris*-Larven (links)

zone an Felsen kleben und dort der Brandung trotzen können. Wenn sie erwachsen sind, können sich Seepocken allerdings nicht mehr von der Stelle rühren.

Analog der Blutgerinnung bei Säugetieren produzieren die Seepocken eine Flüssigkeit, deren Einzelbestandteile sich nach der Ausscheidung zu langkettigen Molekülen verbinden. Dadurch entsteht ein sehr wirksamer Klebstoff, der immer zähflüssiger und schließlich fest wird. In seiner Wirkung übertrifft er den stärksten Epoxidharzklebstoff.

Chthamalus-*Arten der supralitoralen Randzone (Abb. 14.41)*

Austral-Seepocke Austrominius modestus

Die aus Australien und Neuseeland stammende Art wurde vermutlich während des Zweiten Weltkrieges auf Schiffsrümpfen oder in Bilgenwasser nach Europa eingeschleppt. Heute ist die Austral-Seepocke von Gibraltar bis Deutschland verbreitet. Sie besiedelt in geschützten Buchten die Felsen des oberen Midlitorals bis ans Sublitoral. *A. modestus* konkurriert mit *Semibalanus balanoides* um Untergrundflächen, wobei *A. modestus* besonders erfolgreich ist, weil sie schnell wächst und tiefe Salinitäten besser überdauert. Sie hat aber eine tiefere Temperaturtoleranz als *Chthamalus* spp. und eine höhere Toleranz als *Semibalanus. A. modestus* wird im Gegensatz zu einheimischen Arten bereits nach einer Saison geschlechtsreif und macht mehrere Bruten pro Jahr (Abb. 14.42).

Abb. 14.41 *Chthamalus montagui* (links), *Chthamalus stellatus* (rechts). Seepocken-Arten sind oft nicht einfach zu bestimmen. Eine Lupe ist fast immer notwendig, da die Krebstiere recht klein sind. *Chthamalus montagui* überlappt in seiner Vertikalverbreitung mit *C. stellatus* und *Semibalanus balanoides*, ist aber häufig weiter oben am Strand zu finden. Die *Chthamalus* spp. brüten im Sommer, wenn die Temperaturen 10 °C übersteigen

Abb. 14.42 Austral-Seepocke *Austrominius modestus*

Gemeine Seepocke Semibalanus balanoides

Die Gemeine Seepocke wächst auf felsigen Stränden mit allen möglichen Expositionsgraden; sie toleriert tiefe Salinitäten (< 20 Promille) und dringt auch in Ästuare ein. Zusammen mit *Chthamalus* spp. bildet *Semibalanus* die charakteristische Seepockenzone im Litoral. Aufgrund der größeren Permeabilität der Schale ist *Semibalanus* weniger tolerant gegenüber Austrocknung als *Chthamalus* spp. Auf Stränden, die von *Fucus* dominiert sind, sind die Bestandsdichten der Seepocken geringer: Die Tange verhindert das Festheften der Larven. Die Gemeine Seepocke ist im Süden durch hohe Temperaturen limitiert, im Norden bildet das Packeis die Verbreitungsgrenze.

Im Gegensatz zu *Chthamalus* spp. hat *Semibalanus* nur eine Fortpflanzungsperiode im Herbst. Die *Nauplii* werden in der Seepocke bis Februar oder Mai zurückbehalten, wenn die Diatomeenproduktion im Meer ansteigt (Abb. 14.43).

Abb. 14.43 Gemeine Seepocke *Semibalanus balanoides*

Große Seepocke Perforatus perforatus

Die Filtrierleistung einer Großen Seepocke kann einen Liter pro Stunde erreichen. Für ein Tier von 1 cm Länge ist das sehr viel. Die Fortpflanzung findet zwischen Mai und September statt, wenn die Menge an planktonischer Nahrung für die Larven am größten ist (Abb. 14.44).

Abb. 14.44 Große Seepocke *Perforatus perforatus* (Syn.: *Balanus perforatus*). Die Art wächst im unteren Litoral bis ins Sublitoral und bewächst gerne Schiffsrümpfe und Bojen

Kerbseepocke *Balanus crenatus*

Meeresasseln

Einige Meeresassel-Arten (Familien der *Aegidae* und *Cymothoidae*) leben parasitisch auf Fischen, von denen sie Blut und Gewebesäfte absaugen. Manchmal trifft man auch in Litoral auf lethargische Fische, die davon betroffen sind

Zehnfußkrebse Decapoda

Sägegarnele *Palaemon serratus* in einem Gezeitentümpel

Sägegarnele Palaemon serratus

Ihr transparenter Körper, die blau-gelb gestreiften Schreitbeine *Pereiopoden* und die Stielaugen sind einfach betörend! Die Sägegarnele übersteht die oft langen Ebbephasen in Gezeitentümpeln (Kap. 15) problemlos, denn sie erträgt auch sehr tiefe Sauerstoffpegel (Abb. 14.45 und 14.46).

Strandkrabbe Carcinus maenas

Die Strandkrabbe ist wohl eine der häufigsten Krabben Europas; Sie ist vor Kurzem in Australasien, Südafrika und Nordamerika eingedrungen und verbreitet sich aufgrund ihrer Robustheit sehr schnell. Strandkrabben sind sehr tolerant gegenüber tiefen Salinitäten (bis 4 Promille), großen Temperaturdifferenzen und Austrocknung. Die Strandkrabbe bewohnt Felsen und Sandcuvetten vom oberen Litoral bis 60 m Tiefe im Sublitoral (Abb. 14.47).

Abb. 14.45 Sägegarnelen betreiben Brutpflege, indem sie die Eier mit ihren Schwimmbeinen (*Pleopoden*) festhalten und sie so mit sich tragen

Abb. 14.46 Sägegarnelen untersuchen gerne auch Rotalgen (Hintergrund) nach Nahrung. Wenn Sie sich kitzeln lassen wollen, halten sie ihre nackten Füße in einen Gezeitentümpel. Nach wenigen Sekunden kommen die Sägegarnelen. Lassen Sie sich überraschen!

Abb. 14.47 Strandkrabben *Carcinus maenas* bei der Paarung

Es gibt viele Farbvarianten: Grüne Exemplare sind in Wachstum oder in Häutung, orange-rote sind im Intermolt (zwischen den Häutungen). Rote Krabben sind am häufigsten im Sublitoral, die grünen dominieren die Strände und Salzmarschen. Eventuell reflektiert die Färbung unterschiedliche Fähigkeiten, tiefen Salinitäten zu widerstehen. Strandkrabben werden 9 cm groß (Carapax-Länge) und sind mit einem Jahr geschlechtsreif (25–30 mm Männchen, 15–31 mm Weibchen). Das Männchen sucht nach einem häutungsbereiten Weibchen, trägt es danach unter seinem Carapax in eine Sandhöhle und legt darin die befruchteten Eier ab. Nachher trägt es die Eier mehrere Monate lang an den Schwimmbeinen (*Pleopoden*) mit sich herum. Der Fortpflanzungspeak ist im Sommer.

So robust die erwachsenen Strandkrabben auch sind, ihre Eier sind es nicht: Sie ertragen beispielsweise tiefe Salinitäten nicht. Bis zu 185.000 Eier werden auf einmal gelegt. Nach dem Schlüpfen verbringen die *Zoea*-Larven 2–3 Monate im Plankton, danach siedeln sie auf einem Strand mit Hartsubstrat. Das weibliche Abdomen ist breiter als das des Männchens und hat sieben Segmente. Beim Männchen sind es nur fünf. Strandkrabben werden oft von *Sacculina carcini*, einem endoparasitischen Krebs, parasitiert. Ein solchermaßen befallenes Strandkrabben-Weibchen kann fälschlich als eiertragend angesehen werden (Abb. 14.48 und 14.49).

Abb. 14.48 Die Unterscheidung der Geschlechter ist einfach: Der untergeklemmte „Schwanz" ist beim Männchen (rechts) schlank und länglich, beim Weibchen (links) dreieckig

Abb. 14.49 Die weibliche Strandkrabbe trägt die Eier mit sich herum. Dies verringert die Ausfälle durch Prädation erheblich

Abb. 14.50 Taschenkrebs *Cancer pagurus*

Taschenkrebs Cancer pagurus

Der „Tortenrand" ist typisch für den Taschenkrebs. *C. pagurus* ist in Nordwesteuropa in Tümpeln und Schluchten vom unteren Litoral bis in Tiefen von etwa 90 m weitverbreitet. Die größeren Exemplare sind in der Regel vor der Küste zu finden, wo sie kommerziell mit Reusen gefischt werden, die mit Fischstücken beködert sind. Vor der Kopulation hält das Männchen das Weibchen, und es wurde beobachtet, wie es ihm hilft, das Exoskelett während der Häutung abzuwerfen. Unmittelbar nach der Häutung findet die Kopulation statt; die Eier werden einige Monate später gelegt. Das Weibchen sucht sich einen sandigen Untergrund, wo es eine kleine Vertiefung aushebt, die es sich während der Eiablage zurückzieht. Die Eier werden 7–8 Monate lang getragen, im Frühjahr und Sommer schlüpfen die Jungen. Taschenkrebse können 20 Jahre und älter werden (Abb. 14.50).

Schwimmkrabbe Necora puber

In der unteren litoralen Randzone lebt die prächtig gefärbte Schwimmkrabbe. Das leuchtende Königsblau der Beine und des Panzers kontrastiert mit den rubinroten Augen. Aber Achtung: Beim Anfassen ist Vorsicht geboten! Schwimmkrabben sind sehr schnell und klemmen außerordentlich heftig. Zudem haben sie keinerlei Hemmungen, auch Menschen zu zwicken (Abb. 14.51 und 14.52).

Abb. 14.51 Schwimmkrabbe *Necora puber*

Abb. 14.52 Das hinterste Beinpaar der Schwimmkrabbe ist zu perfekten Paddeln umgestaltet. Die Krabbe läuft nicht nur schnell, sie schwimmt auch so

Furchenkrebse Galathea *sp. (Abb. 14.53 und 14.54)*

Einer der schönsten Krebse im Litoral ist der Geschuppte Furchenkrebs *Galathea squamifera*. Er lebt vorwiegend unter Felsbrocken des unteren Litorals. Bei Gefahr klappert er mit seinem Schwanz und jagt so nach hinten davon

Abb. 14.53 Geschuppter Furchenkrebs auf einem Blatt Meersalat *Ulva lactuca*

Abb. 14.54 Bunter Furchenkrebs *Galathea strigosa*

Die Erfindung des Klettverschlusses

Die Seespinne *Maja brachydactyla* ist keineswegs eine Spinne, sondern eine Krabbe. In Zeiten der Häutung findet man am Strand sehr häufig leere Schalen, die nach der Häutung liegen bleiben

Krebse wie die Große Seespinne *Maja brachydactyla* sind im Litoral und Sublitoral perfekt getarnt, da sie sich selbst mit Algen bepflanzen! Sie schneiden oder zupfen an geeigneten Algenbüschelchen herum und setzen sich diese auf Beine und Rückenpanzer. Die Algen bleiben an den feinen Häkchen des Panzers haften, ähnlich wie dies bei einem Klettverschluss funktioniert. Derart mit einem eigenen „Dachgarten" versehen, sind die Seespinnen und die Gespensterkrabben praktisch unsichtbar. Nur wenn sie sich fortbewegen, fliegt ihre Tarnung auf. Die Tarnung geht auch dann verloren, wenn sich die Krabben häuten. Dann beginnt das Gärtnern von Neuem … (Abb. 14.55)

Abb. 14.55 Seespinnen tarnen sich exzellent mit Algen, die sie sich auf den Carapax aufpflanzen. Häkchen wie bei einem Klettverschluss helfen ihr dabei

Meisterliche Tarnung

Die Gespensterkrabben *Inachus dorsettiensis* und *Inachus phalangium* sind kaum voneinander zu unterscheiden, weil ihre Körper meist komplett von Schwämmen überwachsen sind. Ihre Tarnung ist nahezu perfekt. Die Anemonen-Gespensterkrabbe *Inachus phalangium* lebt oft in unmittelbarer Nähe zu Grünen Seeanemonen *A. viridis*, deren starke Nesselzellen der Krabbe offenbar nichts anhaben, sie aber ausgezeichnet vor Fressfeinden zu schützen vermögen. Die perfekte Tarnung als treibendes Algenbüschel hat die Gespensterkrabbe *Macropodia* sp. entwickelt. Ihre Bewegungen im seichten Wasser ahmen ein im ablaufenden Wasser treibendes Algenbüschel nach! Es gibt am europäischen Atlantik mindestens drei Arten: *M. rostrata*, *M. tenuirostris* und *M. deflexa*. Sie sind nur sehr schwer unterscheidbar (Abb. 14.56).

Abb. 14.56 **a** Gespensterkrabbe *Inachus dorsettiensis.* **b** Anemonen-Gespensterkrabbe *Inachus phalangium* **c** Die perfekte Tarnung als treibendes Algenbüschel bei *Macropodia* sp. **d** *Macropodia rostrata* tarnt sich als Algenbüschel. **e** Auch die Dreieckskrabbe *Pisa armata* tarnt sich mit Algen. Sie benutzt meist robuste Rotalgen wie *Chondrus crispus* oder *Palmaria palmata* als „Dachgarten". **f** Dreieckskrabbe *Pisa tetraodon*

Europäischer Hummer Homarus gammarus (Abb. 14.57)

Mit seiner nachtblauen Färbung ist der der Europäische Hummer nicht nur einer der schönsten Krebse der Welt, er ist auch ein Meister der Regeneration. Hummer können, wenn sie nicht bejagt werden, 100 Jahre alt werden. Ihre Zellen altern nicht oder kaum. Verliert er durch Unfälle oder Raubtiere Augen, Antennen, Scheren oder Beine, so können diese regeneriert werden. Das erste Beinpaar besitzt unterschiedlich gebaute Scheren: Eine schmalere Schere ist mit Stacheln versehen und dient als Greifschere, und eine größere,

Abb. 14.57 Hummer *Homarus gammarus*

Abb. 14.58 Welche Schere zu einer Greif- und welche zu einer Knackschere wird, ist zufällig! Die Verteilung in einer Hummerpopulation ist 50:50

mit Muskulatur vollgepackte, dient als Knackschere, um beispielsweise Muscheln zu öffnen. Verliert der Hummer nun die Knackschere, dann bildet er bei der nächsten Häutung an derselben Stelle eine neue Greifschere, während sich die noch vorhandene Greifschere in eine Knackschere umwandelt. Hummer gelten als Delikatesse und werden entsprechend mit großem Aufwand gefangen (Abb. 14.58).

Porzellankrabben werden nur selten über 1 cm groß. Sie leben im Flachwasser innerhalb der Gezeitenzone unter Steinen und Felsbrocken, an denen sie sich mit ihren Beinen festhalten. Sie filtrieren mit ihrer wollartigen Scheren Nahrung aus dem Wasser und bewegen sich ohne Störung kaum von ihrem Platz (Abb. 14.60). Die kleine und zerbrechlich wirkende Porzellankrabbe *Pisidia longirostris* lebt unter Felsbrocken, die sich in der Brandung durchaus stark bewegen können. Ein lebensgefährliches Habitat (Abb. 14.59 und 14.60)!

Abb. 14.59 Porzellankrabbe *Pisidia longirostris*. Die kleinen und zerbrechlich wirkenden Porzellankrabben leben unter Felsbrocken, die sich in der Brandung durchaus stark bewegen können. Ein lebensgefährliches Habitat!

Abb. 14.60 *Porcellana platycheles*. Die Porzellankrabben werden nur selten über 1 cm groß. Sie leben im Flachwasser innerhalb der Gezeitenzone unter Steinen und Felsbrocken, an denen sie sich mit ihren Beinen festhalten. Sie filtrieren mit ihren wollartigen Scheren Nahrung aus dem Wasser und bewegen sich ohne Störung kaum von ihrem Platz

Steinkrabbe/Rissos-Krabbe *Xantho pilipes*

Moostierchen *Bryozoa*

Unterschiedliche Wuchsformen verschiedener Bryozoen

Bryozoen bilden einen eigenen Tierstamm; sie gehören zu den Urmündern *Protostomia*, sind klein bis mikroskopisch und ausschließlich aquatisch. Sie wachsen meist auf Braun- und Rotalgen oder auf Felsen, Muscheln und Schneckenhäusern. Bryozoen bilden flächige, manchmal auch bäumchenartige Kolonien (*Zoarien*) aus mehreren Einzeltieren (*Zooiden*). Das *Zooid* besteht aus einem Weichkörper und einer schützenden Schale (*Zooecium*). Der Weichkörper setzt sich aus dem Vorderkörper *Polypid* und dem Hinterkörper *Cystid* zusammen, in den das *Polypid* mit einem Rückziehmuskel komplett eingezogen werden kann.

Das Verdauungssystem besteht aus Mund, Mitteldarm, Enddarm und After. Der Darm ist U-förmig, und der After liegt in der Nähe des Mundes außerhalb eines Tentakelkranzes (*Lophophor*). Den Mund umgeben Tentakel, die auf einem kreisförmigen oder zweiteiligen *Lophophor* sitzen. Die Tentakel fangen Planktontiere ein. Anders als bei Nesseltierkolonien stehen die Darmkanäle der Einzeltiere nicht miteinander in Verbindung.

Es gibt Arbeitsteilungen innerhalb der Kolonien: Manche *Zooiden* bilden Stielglieder, Ranken oder Wurzelfäden. Andere bilden Geschlechtszellen, wieder andere werden zu Ammentieren oder zu sogenannten *Avicularien*, die das Festsetzen von Fremdorganismen auf der Kolonie verhindern. Bei diesen spezialisierten *Zooiden* der Kolonie ist sowohl die Tentakelkrone als auch der Darm meistens zurückgebildet.

Bryozoen können sich sexuell und/oder asexuell fortpflanzen. Die sexuelle Fortpflanzung läuft über zwei verschiedene Typen von Larven: 1. Die *planktotrophe* Larve *Cyphonaut* ernährt sich über Wochen oder Monate hinweg von Nahrungspartikeln im Plankton. 2. Die *lecitotrophe* Larve setzt sich schon nach wenigen Stunden mit der Ventralfläche an einem geeigneten Untergrund fest. Durch Metamorphose entsteht eine *Ancestrula* – so nennt man die ersten ein bis sechs *Zooide* einer neuen Kolonie. Darauf folgt dann die asexuelle Vermehrung, durch welche die Kolonie weiterwächst: Dies funktioniert durch Knospung, ähnlich wie bei einer Pflanze. Dadurch können große Kolonien entstehen. Die durch asexuelle Fortpflanzung entstandenen *Zooide* innerhalb einer Kolonie sind **Klone**, genetisch identische Nachkommen der Ursprungslarve (Abb. 14.61).

Abb. 14.61 **a** Seerinde *Membranipora membranacea*. Jede Kammer ist ein Einzeltier (Zooid). Durch Spaltung bilden sich größere Beläge auf Algen oder Felsen. **b** Seerinde auf einer Rotalge **c** Zottige Seerinde *Electra pilosa* **d** *Alcyonidium hirsutum* **e** *Cellepora pumicosa* **f** *Flustrellidra hispida* **g** *Scrupocellaria* sp. **h** *Flustrellidra hispida* mit Kreiselschnecke *Calliostoma zizyphinum*

Stachelhäuter *Echinodermata*

Polsterstern *Asterina gibbosa*

Der Polsterstern *Asterina gibbosa* lebt unter Felsen und in Spalten des unteren Litorals

Der Polsterstern ist ein protandrischer Hermaphrodit. Er ist also zunächst männlich und wechselt nach zwei Jahren sein Geschlecht. Als Weibchen legt er im Mai etwa 1000 orangefarbene Eier in Felsspalten. Nach zwei bis drei Wochen schlüpfen daraus bereits fertige Seesterne, die etwa 5 mm messen. Polsterseesterne durchlaufen keine planktonische Phase.

Manteltiere *Tunicata*

Tunicaten sind ein Unterstamm der Chordatiere – und damit mit uns verwandt. Sie leben entweder als Einzeltiere oder in Kolonien und sind vorwiegend sessil auf dem Meeresboden (Seescheiden) oder aber planktonisch (Salpen, Appendikularien). Der Name leitet sich von einem Mantel (*Tunica*) aus Cellulose (*Tunicin*) ab. Tunicaten gibt es in allen Weltmeeren.

Der Cuticularmantel – die eigentliche Körperhülle – wird von einer einschichtigen Epidermis abgeschieden und besteht aus dem Polysaccharid Cellulose. Dies ist einmalig im Tierreich! Die Tunicatenlarven ähneln aufgrund der Organisation stark den Larven der Wirbeltiere: Der Ruderschwanz wird ebenfalls von einer *Chorda dorsalis* und einem Neuralrohr durchzogen. Bei den pelagisch lebenden Appendikularien gilt dies auch für die Adultform. Im Adultstadium gibt es keine Segmentierung (Muskelsegmente) und keine Schwanzstrukturen mehr. Das Blutsystem ist offen (lakunär). Die Pumprichtung des Herzens wird in regelmäßigen Abständen umgekehrt. Charakteristisch sind getrennte Ein- und Ausströmöffnungen für das Atemwasser, mit

Abb. 14.62 Solitäre und soziale Ascidien: *Dendrodoa grossularia, Clavellina* sp., *Styela clava*

dem auch die Planktonnahrung eingesogen wird. Am Grund des Kiemendarms liegt die Hypobranchialrinne (*Endostyl*): Sie produziert Schleim, der die eingestrudelten Nahrungspartikel dem Verdauungsteil des Darms zuführt. Die *Hypobranchialrinne* ist homolog mit der Schilddrüse der Wirbeltiere (Abb. 14.62).

Fortpflanzung: Bei manchen Manteltierklassen gibt es komplizierte Fortpflanzungsverhältnisse. Bei Salpen beispielsweise kann ein Generationswechsel vorkommen, also eine Abfolge zwischen geschlechtlicher und ungeschlechtlicher Generation. Asexuelle Vermehrung ist weitverbreitet, was vielfach zu charakteristischen Koloniebildungen führt, wenn die Tochtertiere beisammenbleiben. Salpen bilden Ketten, Feuerwalzen sind ausschließlich als Kolonien bekannt, und auch die Seescheiden entwickeln z. T. Stöcke oder Kolonien von typischer Form.

Koloniale Arbeitsteilung bei unseren Verwandten

Manteltiere sind verblüffend und exotisch: Sie sind am Untergrund festgewachsen und bewegen sich nie vom Fleck. Man erkennt kein Gehirn, keine Sinnesorgane – Augen oder Ohren sind nicht vorhanden. Auch nichts, was wie eine Nase ausschauen könnte.

Viele Seescheiden leben allein. Manche leben in Gruppen oder Kolonien. Jede Kolonie besteht aus mehreren Individuen, die man *Zooide* nennt. Die einzelnen *Zooide* muss man sich wie winzig kleine Salatsiebe mit zwei Öffnungen vorstellen. Sie sind maximal 3 mm groß. Die *Zooide* saugen planktonhaltiges Wasser durch eine Einströmöffnung an und sieben daraus ihre Nahrung. Das Organ, das dies ermöglicht, ist der sogenannte Kiemendarm. Das Restwasser wird durch eine gemeinschaftliche Öffnung ausgestoßen, um die herum die *Zooide* angeordnet sind. Sie sind perfekte Planktonfiltrierer!

Seescheiden sind ziemlich nah mit uns verwandt! Sie haben zwar keine Wirbelsäule, aber im Larvenstadium – wie wir – eine *Chorda dorsalis* oder Rückensaite. Die *Chorda dorsalis* ist das ursprüngliche Achsenskelett aller Chordatiere, zu denen die Wirbeltiere – Fische, Amphibien, Reptilien, Vögel und Säuger – und eben auch die Seescheiden gehören. Die Chorda leitet bei uns während der Embryonalentwicklung vor allem die Bildung wichtiger Gewebe ein; danach bildet sie sich bis auf kleine Reste zurück.

Sternascidie *Botryllus schlosseri*

Die Sternascidie *Botryllus schlosseri* lebt kolonial, sie ist eine sogenannte *Synascidie*. Sie wächst al flächige Polster auf Algen oder Felsen und ernährt sich als mikrophager Filtrierer. Der Kiemendarm ist mit zahlreichen Spalten als Sieb ausgestaltet. Zilien an der Mundregion erzeugen einen Wasserstrom, der die Nahrung durch den reusenartigen Kiemenkorb treibt. *Synascidien* besitzen individuelle Einströmöffnungen und gemeinsame Ausströmöffnungen. Diese Öffnungen sind in den Bildern unten gut zu erkennen. Jedes „Blümchen" (= 1 Kolonie) besteht aus 5–14 Individuen (Abb. 14.63).

Botryllus schlosseri ist gut untersucht. *Botryllus*-Klone werden seit mehreren Jahrzehnten in kontinuierlicher Laborkultur gehalten, wobei sich neue Erwachsene aus Knospen entwickeln, die sich aus der Körperwand bestehender Erwachsener bilden. Unter typischen Kulturbedingungen findet die asexuelle Vermehrung in einem etwa zweiwöchigen Zyklus statt. Während die neue Knospe wächst und sich aktiv zu ernähren beginnt, bildet sich der Erwachsene, aus dem sie hervorgegangen ist, zurück und wird von der Kolonie absorbiert. Die gelblich-weißen bis blass orangefarbenen Kaulquappenlarven entstehen jedoch durch sexuelle Reproduktion. Koloniale Manteltiere sind die einzigen Chordaten, die sich sowohl sexuell als auch asexuell vermehren können. *B. schlosseri* ist ein sequenzieller protogyner Hermaphrodit. Das bedeutet, die Reproduktion beginnt als Weibchen, und das Individuum wird mit zunehmendem Alter zum Männchen. Um eine Selbstbefruchtung zu vermeiden, werden Eier und Spermien mit ein bis zwei Tagen Abstand produziert (Abb. 14.64).

Abb. 14.63 Unterschiedliche Farben und Formen der Sternascidie *Botryllus schlosseri*

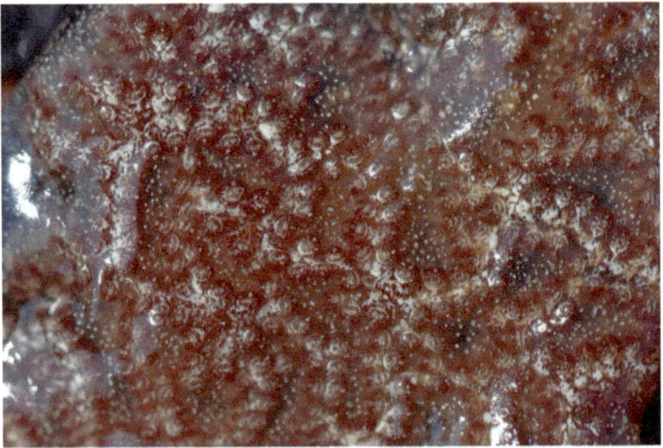

Abb. 14.64 *Botrylloides leachii* ähnelt *B. schlosseri*, die Kolonien sind jedoch in Bändern angeordnet

Seescheiden: **a** *Aplidium elegans* **b & c** *Aplidium pallidum* **d** *Corella eumyota* **e** Tangbeere *Dendrodoa grossularia* **f & g** *Distomus variolosus* **h** Faltenascidie *Styela clava*

Fische *Pisces*

Die Bauchseite des Nagelrochens sieht aus wie ein Gesicht. Die vermeintlichen Augen sind jedoch die Nasenlöcher

Im mittleren bis oberen Litoral leben aufgrund der extremen Umweltbedingungen nur wenige Fischarten. Sie rekrutieren sich aus den Familien der Grundeln *Gobiidae* und der Schleimfische *Blenniidae*. An der Grenze zum Sublitoral und in der sublitoralen Randzone nimmt die Artenzahl an Fischen sprunghaft zu. In den Tangwäldern aus Sägetang *Fucus serratus* oder Laminarien *Laminaria* ssp. laichen viele Fischarten des Sublitorals. Einige dieser Arten suchen auch Schutz vor Feinden, beispielsweise in einem Jugendstadium. Seenadeln (*Syngnathus acus*, *Nerophys lumbriciformis*), Seeskorpione (*Taurulus bubalis*, *Myoxocephalus scorpius*), die Goldmaid (*Symphodus melops*) und einige weitere Arten laichen hier, gut geschützt, unter den Thalli der Großalgen.

Es gibt auch Spezialisten wie die Ansauger (*Apletodon dentatus*, *Lepadogaster* ssp.), die auf der Unterseite von Felsblöcken – gut geschützt vor Krabben und Fischen – leben. Mit ihren napfartigen Brustflossen saugen sich an den Felsen fest. Nagelrochen (*Raja clavata*), Engelhaie (*Squatina dumeril*) oder Zitterrochen (*Torpedo marmorata*) kommen häufig in die untere Gezeitenzone, um zu jagen und um Eier zu legen bzw. um zu gebären. Vermutlich werden sie von den starken Gezeiten im Ärmelkanal, insbesondere von der Ebbe, überrascht.

Knorpelfische *Chondrichthyes*

Haie und Rochen Elasmobranchii

Die Knorpelfische bilden mit Haien (*Selachii*), Rochen (*Batomorphi*) und Chimären (*Holocephali*) eine eigene Klasse der Wirbeltiere. Sie sind mit den Knochenfischen nicht weiter verwandt.

Einige Haie und Rochen können im Litoral angetroffen werden. Oft findet man Eikapseln von Rochen oder Katzenhaien, es kann aber auch zu Begegnungen mit Rochen kommen.

Zitterrochen Torpedo marmorata – schmerzhafte Begegnung im Litoral

Der Zitterrochen kommt in Seegrasgebieten, in felsigem und sandig schlammigem Sublitoral, aber auch im unteren Litoral vor. Sein Vorkommen beschränkt sich in Europa auf Gebiete mit Wassertemperaturen über 20 °C. Er ist nachtaktiv und vergräbt sich tagsüber (Abb. 14.65).

Der Zitterrochen ernährt sich von kleinen benthischen Fischen und Krebstieren, die mit elektrischen Schlägen immobilisiert und danach gefressen werden. Er kann hochfrequente Serien elektrischer Entladungen von bis zu 200 V Spannung erzeugen. Die Frequenz der Entladungen kann kurzzeitig 600 Hz erreichen! Man sollte also im unteren Litoral nicht barfuß unterwegs sein, sonst droht eine unangenehme Überraschung.

Weibchen werden älter als die Männchen. Sie sind lebend gebärend, wobei nach einer 10-monatigen Tragzeit bis zu 32 Jungtiere in einem Wurf geboren

Abb. 14.65 Zitterrochen *Torpedo marmorata* im Flachwasser bei Ebbe

werden. Die *Elektrozyten* (Zellen der Stromproduktion) beginnen sich bereits zu entwickeln, wenn der Embryo etwa ein Gramm wiegt. Die elektrischen Organe funktionieren bereits vor der Geburt; Neugeborene können ihre elektrische Organentladung (EOD) sofort zum Fangen von Beute verwenden.

Nagelrochen Raja clavata – mit dem Schnorchel zum Atemwasser

Nagelrochen sind ovipar. Im Frühling und Frühsommer legen die Weibchen große horngekapselte Eier ab. Die Jungtiere entwickeln sich darin ungestört und schlüpfen nach ungefähr fünf Monaten. Die Entwicklungsdauer ist abhängig von der Wassertemperatur (Abb. 14.66).

Nagelrochen vergraben sich meist im lockeren Sediment. Nur die Augen und das Spritzloch (*Spiraculum*) ragen hervor. Das *Spiraculum* ist eine Öffnung hinter dem Auge, die bei bodenlebenden Knorpelfischen der Atmung dient. Das *Spiraculum* verbindet den Mund-/Kiemenraum mit dem freien Wasser über dem Fisch. So kann der Rochen oder Hai zwar am Boden liegen, aber schlammfreies Atemwasser ansaugen. Das funktioniert fast so wie ein Schnorchel! Das Spritzloch ist auch beim Menschen als Relikt vorhanden; es verbindet das Mittelohr mit dem Rachen (*Eustachische Röhre*) (Abb. 14.67).

Abb. 14.66 Ein frisch geschlüpfter Rochen – vermutlich *Raja clavata* – erkundet das Litoral bei Ebbe

Abb. 14.67 Im seichten Wasser findet man oft Eikapseln von Rochen (Kap. 19)

Knochenfische *Osteichthyes*

Europäischer Flussaal Anguilla anguilla – eine unglaubliche Lebensgeschichte

Im Litoral lassen sich junge Gelbaale *Anguilla anguilla* meist dort finden, wo Bäche durch den Strand ziehen oder wo Grundwasser nach oben dringt

Der Lebenszyklus des Europäischen Aals war über Jahrhunderte rätselhaft; es wurde auch sehr kreativ gemutmaßt: Aristoteles war davon überzeugt, dass Aale entweder „spontan im Schlamm" entstünden, sich „aus Staub" bildeten oder von „Erdwürmern geboren" würden. Immerhin beschreibt er um 350 v. Chr. die Wanderung der Aale in Richtung Meer. Er vermutet daher den umgekehrten Weg der Jungaale in Richtung Süßwasser. 1856 findet Kamp eine unbekannte Fischlarve und beschreibt sie mit *Leptocephalus brevirostris* als neue Fischart, ohne zu wissen, dass es sich um eine Aallarve handelt. Erst 1896 kann *Giovanni Battista Grassi* die Metamorphose von *Leptocephalus* beobachten. 1922 entdeckte der dänische Zoologe Johannes Schmidt die kleinsten Larven in der Nähe der Bermudas. Die Fortpflanzung von Aalen konnte bisher nie in freier Wildbahn beobachtet werden.

Der Europäische und der Amerikanische Aal laichen in der Sargassosee südlich der Bermuda-Inseln, der Japanische Aal im westlichen Nordpazifik südlich von Japan nahe Guam und der Australische Kurzflossen-Aal und der Neuseeland-Aal im zentralen Pazifik zwischen dem Bismarck-Archipel und Fidschi. 2013 und 2017 wurde nachgewiesen, dass Europäische Aale sich am Erdmagnetfeld orientieren können und folglich einen Magnetsinn besitzen (Abb. 14.68).

Abb. 14.68 An solchen Stränden „landen" die jungen Aale nach ihrer langen Reise durch den Atlantik auf der Suche nach Süßwasser

Aaleier enthalten Öltropfen, weshalb sie nicht auf den Meeresgrund absinken, sondern im Meerwasser schweben. Es entwickeln sind transparente Larven, die in der Sargassosee (in der Nähe der Bahamas) schlüpfen. Wegen ihrer Form heißen sie Weidenblattlarven (*Leptocephalus*-Larve). Sie benötigen etwa drei Jahre, um von der Sargassosee an die europäischen Küsten zu gelangen. Früher nahm man an, dass sie sich dabei passiv vom Golfstrom tragen lassen. Heute weiß man, dass die Larven auch aktiv schwimmen. Vor der europäischen Küste beginnt die Metamorphose der Weidenblattlarven zu rund 7 cm langen Glasaalen. Im Frühjahr schwimmen sie in großen Schwärmen hinauf in die Binnengewässer. Nun nennt man sie Steigaale, wegen ihrer gelblichen Bauchfärbung auch Gelbaale. In ihren Heimatgewässern wachsen sie die nächsten Jahre zur vollen Größe heran. Weibchen leben vorzugsweise in den Mittelläufen der Flüsse, die Männchen in den Unterläufen. Die Weibchen werden mit 12–15 Jahren geschlechtsreif, Männchen in einem Alter von 6–9 Jahren.

Zum Laichen wandern sie aus den Flüssen dahin zurück, wo sie geschlüpft sind: in die Sargassosee. Das ist eine Strecke von mehr als 5000 km, die sie ohne Nahrung bewältigen. Während ihrer letzten Wochen in den Binnengewässern und auf dem Weg zum Meer werden die Aale silbrig-grau, der Verdauungstrakt bildet sich zurück, und die Augen vergrößern sich – der Aal wird zum Blankaal bzw. Silberaal. Der Umwandlungsprozess dauert ca. vier Wochen. Es entwickeln sich die Geschlechtsorgane, die vorher nur in Anlagen vorhanden waren und nun die gesamte Leibeshöhle einnehmen. Die Energie für den Umbau des Körpers und für die lange Reise zum Laichort entnehmen die Aale ihren Fettreserven, die sie sich im Laufe der Jahre im Süßwasser angefressen haben. Während ihrer Wanderung im Meer führen die Blankaale tagesperiodische Vertikalwanderungen aus. Tagsüber tauchen sie in Tiefen bis zu 1'000 m ab und steigen nachts fast bis an die Wasseroberfläche. Im folgenden Jahr treffen sie dann in der Sargassosee ein, wo sie in der Tiefe laichen. Dieser letzte Lebensakt raubt ihnen die allerletzten Energiereserven – nach der Paarung und Abgabe der Geschlechtsprodukte sterben sie.

Leierfische *Callionymus lyra* bewohnen das Sublitoral, geraten bei starken Tiden jedoch in den Bereich der Ebbe. Dort findet man sie in den Beständen des Sägetangs *Fucus serratus*

Seenadeln Syngnathidae – wenn die Männchen Eier tragen

Seenadeln sind lang gestreckte, sehr schlanke benthische Fische. Sie sind die nächsten Verwandten der Seepferdchen und haben mit ihnen Gemeinsamkeiten bei Nahrungserwerb und Fortpflanzung (Abb. 14.69).

Sie haben ein langes, röhrenförmiges Maul, mit dem sie kleine Krebstiere blitzschnell einsaugen können. Dieses sogenannte Pipettieren (*pipette feeding*) funktioniert über großen Unterdruck im Maul-/Rachenraum, der sich über

Abb. 14.69 Die Große Seenadel *Syngnathus acus* lebt im Litoral und in Seegrasbeständen, wo sie perfekt getarnt ist

Abb. 14.70 Die Augen von Seenadeln und Seepferdchen sind sehr beweglich und richten sich blitzschnell nach vorne auf die Beute

das lange Röhrenmaul entlädt. Seenadeln sind in ihrer Umgebung meist perfekt getarnt, sie sehen aus wie losgerissene Algenfäden oder wie Seegrashalme.

Die Männchen tragen die Hauptlast bei der Fortpflanzung und der Brutpflege. Nach einer Balz, bei der sich die Partner durch Tanz- und Farbwechsel annähern, legt das Weibchen die Eier an eine spezielle Brutleiste am Bauch des Männchens. Dort werden sie befruchtet und entwickeln sich, bis sie als fertige Jungfische schlüpfen und ins freie Wasser entlassen werden. Die Eier werden dabei von einer Art Plazenta mit Nährstoffen versorgt (Abb. 14.70).

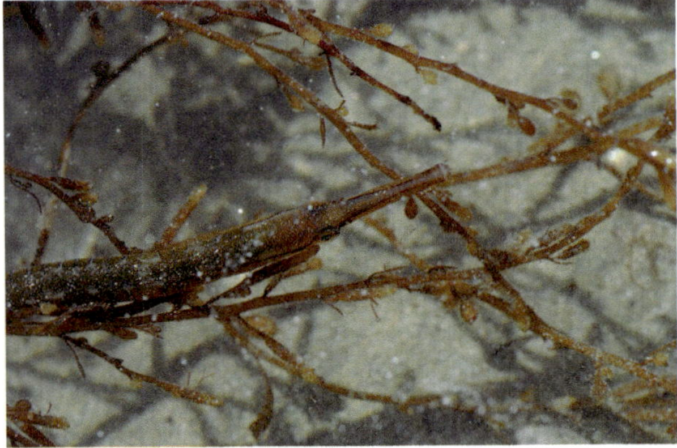

Seenadel: Perfekt getarnt als Braunalge!

Seeskorpion Taurulus bubalis – Stachelig aber ungefährlich

Sein Körper ist mit verknöcherter Haut stark gepanzert, und auf den Kiemendeckeln ragen ein langer sowie mehrere kurze Stacheln auf. Trotz der Stacheln ist der Seeskorpion nicht giftig. Er lebt vor allem in Seegras- und Algenbeständen im Flachwasser. Auch in Gezeitentümpeln kann der Seeskorpion angetroffen werden. Er ist allerdings ausgezeichnet getarnt und wird meist übersehen. Er frisst kleine Fische, Krebstiere und andere wirbellose Tiere.

Zwischen Februar und Mai legen die Weibchen etwa 1,5 mm große, gelbliche Eier in Klumpen zwischen Algen und in Felsspalten. Das Männchen bewacht danach das Gelege bis zum Schlupf (Abb. 14.71).

Gut getarnter Seeskorpion

Abb. 14.71 Ein von der Ebbe bloßgelegter Seeskorpion *Taurulus bubalis*

Seehase Cyclopterus lumpus – die „Perle des Nordens"

Junge Seehasen finden sich oft im unteren Litoral, angeheftet auf Tang oder Felsen. Als Jungtiere genießen sie hier den Schutz vor Raubfeinden, die mit dem harschen Umfeld der Küste nicht umgehen können. Erwachsene Seehasen leben im Sublitoral. Sie sind schlechte Schwimmer und deshalb oft Beute von Robben. Aber auch bei Menschen sind die Seehasen beliebt: Ihr Rogen ist köstlich und wird oft als „Kaviarersatz", „Deutscher Kaviar" oder „Perles du Nord" gehandelt. Ein Weibchen legt rund 700 g Eier ab (Abb. 14.72).

Goldmaid Symphodus melops – mit dem Sneaker im Nest

Von den Männchen der Goldmaid gibt es zwei unterschiedliche Erscheinungsformen: Die territorialen Männchen bilden in Felsspalten oder Sedimentbereichen ein kugelförmiges Nest aus Algen. Das Nest hat einen Eingang, den das Männchen aggressiv bewacht. Die andere Erscheinungsform der Männchen sieht aus wie die Weibchen und versucht so, unbehelligt ins Nest zu gelangen. Dort will es die Eier der Weibchen befruchten. Im Englischen heißt diese Erscheinungsform „sneakers". Sie können äußerlich nicht von den

Abb. 14.72 Ein winziger junger Seehase versteckt sich auf einem Felsen. Seine Bauchflosse ist zu einer Saugscheibe umgeformt

Abb. 14.73 Bei Ebbe liegen junge Goldmaiden *Symphodus melops* oft unter Algen versteckt. Sie können mehrere Stunden an der Luft überleben. Unter den Lippfischen *Labridae* ist dies exklusiv!

Weibchen unterschieden werden. Die Sneaker sind viel kleiner als die territorialen Männchen, haben aber – relativ zu diesen – die größeren Gonaden. Es hat sich auch gezeigt, dass ihre Spermienqualität besser ist. Etwa 5–20 % der männlichen Tiere in einer Goldmaiden-Population scheinen Sneaker zu sein (Abb. 14.73).

Plattfische Carangiformes/Pleuronectiformes – Butt oder Flunder?

Perfekt getarnt im Sediment: Eine junge Scholle imitiert den körnigen Untergrund

Plattfische leben auf dem Meeresboden und sind in der Regel schlechte Schwimmer. Sie haben aber enormes Potenzial, sich zu tarnen. Steinbutte beispielsweise können den sie umgebenden Untergrund bis ins feinste Detail nachahmen. Ihre Haut nimmt Farbe und Musterung perfekt an. Ein Chamäleon ist dagegen in Sachen Farbwechsel ein Anfänger. Die meisten Arten graben sich zusätzlich noch leicht in den Untergrund ein. Sie lauern gut getarnt auf Beute, die ahnungslos auf dem Meeresgrund unterwegs ist. Es gibt in Europa einige Fischfamilien, die Plattfische hervorgebracht haben, beispielsweise die Schollen *Pleuronectidae*, die Steinbutte *Scophthalmidae* und die Seezungen *Soleidae*, die allesamt große Bedeutung in der Fischerei haben. Unterscheiden kann man Butte und die übrigen Plattfische übrigens oft an ihrer Lage: Butte liegen auf ihrer rechten Körperseite, ihre Verwandtschaft – Flundern, Schollen und Seezungen – liegt links. Und wie überall im Leben gibt es auch hier Ausnahmen von der Regel (Abb. 14.74).

Grundeln Gobiidae – von den Kleinsten gibt's die meisten Arten

Die Familie *Gobiidae* ist mit mehr als 1100 Arten die größte Familie mariner Fische. Grundeln sind klein. Sie werden im Schnitt weniger als 10 cm lang und sind meistens Bodenbewohner. Grundeln haben in der Regel als Erwachsene keine Schwimmblase. Im Larvenstadium ist diese jedoch wegen der planktonischen Larvenphase noch vorhanden. Ihre Bauchflossen liegen unterhalb der Brustflossen und sind zu einer Saugscheibe zusammengewachsen. Kleine Grundelarten haben oft wenig oder keine Pigmente in der Haut. Sie sind deshalb farblos oder sogar durchsichtig.

Abb. 14.74 Junge Plattfische finden im Litoral häufig Nahrung, aber auch Schutz vor Feinden. Im Frühjahr sind häufig junge Steinbutte und Seezungen in den Sandtümpeln zu finden

Abb. 14.75 Sandgrundeln *Pomatoschistus microps* betreiben eine kurze Brutpflege. Die Weibchen kleben ihre Eier in die Innenseite einer leeren Muschelschale und graben diese zur Hälfte ein. Das Gelege wird ein paar Tage lang bewacht, bis die Jungen schlüpfen

Sandgrundel *Pomatoschistus microps* – Eier in der Schale

Die Sandgrundel lebt im Gezeitenbereich in sandigen Restwassertümpeln, die sich nur entlang von Felswattabschnitten im Sandwatt bilden. Das Habitat ist außerordentlich instabil und variabel. Die Sandtümpel können bei einer Ebbephase entstehen, bei der nächsten wiederum verschwunden sein. Außerdem zeigen sie latent die Gefahr, Wasser zu verlieren. Austrocknende Sandtümpel werden sofort von Möwen und Seeschwalben ausgeräumt (Abb. 14.75).

Die Strandgrundel brütet von Februar bis Juli in solchen Sandtümpeln. Das Weibchen klebt seine Eier auf die Innen-/Unterseite von Muschelschalen oder Steinen. Das Männchen bewacht danach das Gelege, bis die Jungen – etwa neun Tage später – schlüpfen. Das Verrückte daran: Die aufkommende Flut wendet das Gelege andauernd um, und die Gefahr, dass es auf trockene Flächen geschleudert wird und die Eier vertrocknen, ist groß. Wie die winzigen Fische dies verhindern, ist nicht bekannt. Strandgrundeln können bis zu drei Jahre alt werden. Ihre Nahrung besteht hauptsächlich aus kleinen Crustaceen, Würmern, Flohkrebsen und Milben.

Die **Kleine Sandgrundel** *Pomatoschistus minutus* und die **Sandgrundel** *Pomatoschistus microps,* die nur Spezialisten voneinander unterscheiden können, kommen oft im selben Habitat vor.

Riesengrundel Gobius cobitis

Die Riesengrundel *Gobius cobitis* lebt in felsigen Gezeitentümpeln des oberen Eulitorals und wird bis 27 cm lang. Sie ist ausgesprochen robust und erträgt auch starke Salzgehaltschwankungen des Wassers. Die von *G. cobitis* besetzten Gezeitentümpel sind meist mit Brackwasser gefüllt, oft auch mit Süßwasserzufluss. Adulte Fische wurden beobachtet, wie sie über den Tag hinweg vertikal der Küste entlang den Gezeiten folgen. Es wird vermutet, dass sie dadurch ihr mögliches Nahrungsangebot erhöhen. Ihre Beutefische sind vor allem kleine Seequappen und die Larven oder Jungtiere von Schleimfischen (Abb. 14.76).

Abb. 14.76 Die Riesengrundel *Gobius cobitis* ist schwierig zu finden. Obwohl sie fast 30 cm lang werden kann, versteckt sie sich sehr schnell und geschickt unter Felsbrocken oder in Höhlen

Die Weibchen können pro Saison zwischen Frühling und Sommer zweimal laichen. Sie legen ihre Eier gut geschützt auf der abgeflachten Unterseite von Felsbrocken ab. Die Eier bleiben auch bei Ebbe von Wasser bedeckt. Der Laich wird als einlagige Schicht an das Substrat geklebt, im Durchschnitt zwischen 2000 und 12.000 befruchtete Eier aufs Mal. Die Eier sind ca. 4,2 mm groß und werden vom Männchen bewacht, bis die Larven schlüpfen. Die Männchen leben polygyn; sie befruchten mehrere Gelege von unterschiedlichen Weibchen.

Felsen- oder Paganellgrundel Gobius paganellus – hart im Nehmen

Die Felsengrundel ist eine der häufigsten Arten des Sublitorals und des Eulitorals innerhalb des riesigen Verbreitungsgebiets, das vom Westen Schottlands bis nach Senegal, zum Mittelmeer, zum Schwarzen Meer, zum Golf von Akaba und zum Roten Meer reicht (!). *G. paganellus* ist im Litoral von Erquy von der supralitoralen Randzone bis zu einer Tiefe von etwa 5 m anzutreffen (Abb. 14.77).

Die Geschlechtsreife der Tiere ist ab einer Länge von 70 mm bei Männchen und 58 mm bei Weibchen erreicht. Die spindelförmigen und transparenten Eier werden an den Unterseiten flacher Steine oder in Muschelschalen einschichtig abgelegt. Die Männchen spielen bei der Brutfürsorge eine wichtige Rolle und bewachen auch die Gelege verschiedener Weibchen gleichzeitig.

Nach etwa 10 Tagen schlüpfen 3,9 mm große Larven, die direkt nach dem Schlüpfen bereits fressen können, und beginnen eine planktonische Phase im

Abb. 14.77 Felsen- oder Paganellgrundeln *Gobius paganellus* besiedeln die Felstümpel des Litorals bis in die oberen Zonen

offenen Meer. Der Eidotter ist dann schon fast vollständig absorbiert. Bereits 25 Tage nach dem Schlüpfen gehen die dann etwa 10 mm großen Larven zu ihrer benthischen Lebensweise über.

Ansauger Gobiesociidae – starke Haftung unter allen Bedingungen

Die meisten Arten der Ansauger (*Apletodon* ssp. und *Lepadogaster* ssp.) sind mit wenigen Zentimetern Länge sehr klein. Sie führen ein sehr verstecktes Leben unter den Felsbrocken des Litorals und untiefen Sublitorals, wo sie sich mit ihren zu einem Saugnapf umgestalteten Bauchflossen festsaugen können. Auch harter Brandung widerstehen sie problemlos. Tausende mikroskopisch kleine Härchen in der Saugscheibe erzeugen den enormen Hafteffekt (Abb. 14.78)!

Ansauger *Apletodon dentatus*

Abb. 14.78 Ansauger auf der Unterseite eines Felsbrockens. Die kleinen Fische können sich mit einer Saugscheibe am Bauch am Untergrund festhalten

Schleimfische Blenniidae – Rülpser im Gezeitentümpel

Amphibische Schleimfische. Links: Im Französischen heißt *C. galerita* „Blennie coiffée", wohl, weil auf seiner Stirn ein haarbüschelähnlicher Hautlappen aufragt. Rechts: *L. pholis* mit „Auftaucherbrille": Damit sie an der Luft auch etwas sehen, sind ihre Augen mit einer Art Brille ausgerüstet. Die Hornhaut hat eine flache Stelle, durch die der Fisch auch an Land wohl ähnlich gut sehen kann wie unter Wasser

Wenn bei Ebbe das Wasser abläuft, wandern die meisten Fische in tiefere Gefilde ab. Zwei Arten von Schleimfischen – der „grüne" *Lipophrys pholis* und der „amphibische" Schleimfisch *Coryphoblennius galerita* – trotzen jedoch der Ebbe. Amphibisch heißt, sie können sowohl im Wasser als auch an Land leben. Ihre Verbreitung reicht vom Ärmelkanal und den britischen Inseln bis nach Marokko und ins westliche Mittelmeer. *C. galerita* (Abb. 14.82 und 14.83) ist im gesamten Mittelmeer heimisch. Im Mittelmeer bewohnen die Schleimfische das schmale Litoral der Felsküsten, das – der geringen Gezeiten wegen – vornehmlich als Spritzzone ausgebildet ist. Sie leben im Mittelmeer also im Bereich zwischen den Wellen (Abb. 14.80).

Am Ärmelkanal jedoch dehnt sich dieser Bereich vertikal auf bis zu 10 m aus. Beide Arten verhalten sich bezüglich der Gezeiten hier sehr ähnlich: Sie leben in Revieren von der unteren supralitoralen Randzone bis an die Grenze zum Sublitoral. Somit bewohnen sie fast das gesamte Litoral. Besonders bemerkenswert sind ihre Fähigkeiten, an der Luft zu überleben. Sie überstehen Trockenphasen von zehn Stunden ohne Problem.

Die Schleimfische gehen bei Flut auf den umbrandeten Felsen auf die Jagd nach Seepocken, die sie – sobald diese ihre Rankenfüße ausstrecken – aus ihrem Gehäuse reißen und fressen. Bei ablaufendem Wasser sammeln sich die Schleimfische häufig in Gezeitentümpeln oder verkriechen sich unter Steinen oder in Felsspalten. Manchmal sieht man die amphibischen Fische nachts bei einem Landspaziergang auf den Felsen. Das Fehlen des wässrigen Milieus macht ihnen dabei nichts aus.

Diese Fähigkeiten gehen auf spezielle anatomische Eigenschaften zurück: Die amphibisch lebenden Schleimfische besitzen keine Schuppen in der Haut, sie vollziehen eine Hautatmung sowie eine Speiseröhrenatmung. Sie besitzen spezielle Augenanpassungen für das Sehen in Luft, und sie haben zu „Beinchen" umgeformte Bauchflossen sowie **Haken** an der Afterflosse, um sich an den Felsen festzuhalten (Abb. 14.79).

An der Luft funktionieren die Kiemen nicht, denn die *Branchial*-Lamellen (Kiemenblättchen) verkleben und können keinen Gasaustausch mehr bewerkstelligen. Da die amphibischen Fische keine Schuppen haben, ist die Haut für Sauerstoff sehr durchlässig. Sie nehmen einen Großteil des Sauerstoffs direkt über die Haut auf. Bei Sauerstoffknappheit wird ihre Haut rötlich – ein Zeichen dafür, dass sie stärker durchblutet wird. Besonders deutlich sieht man dies an den feinen Flossenmembranen oder an den rosaroten Bäckchen, die sich vor allem nachts deutlich zeigen. Außerdem haben sie neben den Kiemen und der Haut noch ein weiteres zusätzliches Atmungsorgan: Die zwei Arten der amphibischen Schleimfische schlucken Luft in ihre Speiseröhre, die ganz besonders dehnbar und gut durchblutet ist. Das funktioniert wie eine kleine Lunge! Beim Ausstoßen der Luft ist oft ein deutlicher Rülpser vernehmbar …

Abb. 14.79 Die Brustflossen der Schleimfische sind so geformt, dass sie wie kleine Beinchen funktionieren. Außerdem sind die Strahlen der Afterflossen als regelrechte Krallen ausgebildet. Das gibt Halt am Fels oder auch in der Strömung. Die Eier werden flächig am Felsen angeklebt

Grüner Schleimfisch, Schan Lipophrys pholis

Der amphibisch lebende Fisch überdauert die Ebbe in Cuvetten oder „halbtrocken“ unter Steinen oder in Felsspalten. Er brütet an der Luft und atmet durch die Speiseröhre (*Oesophagus*) (Abb. 14.80 und 14.81).

Abb. 14.80 Achtung Suchbild: Wie viele Grüne Schleimfische finden sich im Bild? Die Fische verstecken sich oft unter losen Steinen

Abb. 14.81 Die Leibspeise der Schleimfische sind Seepocken, die sie blitzschnell aus ihrem Gehäuse reißen

Amphibischer Schleimfisch Coryphoblennius galerita (Abb. 14.82 und 14.83)

Abb. 14.82 Junger Amphibischer Schleimfisch in seiner „Wohnung", einem Felstümpel

Abb. 14.83 Perfekt getarnt im Gezeitentümpel

Gestreifter Schleimfisch Parablennius gattorugine

Die dritte Art im Bunde: Der Gestreifte Schleimfisch *Parablennius gattorugine* lebt zwar nicht amphibisch, ernährt sich aber gern auch in Gezeitentümpeln. Unter anderem frisst er Grüne Seeanemonen!

Butterfisch Pholis gunnellus

Der Atlantische Butterfisch *Pholis gunnellus* kommt in einem Gebiet vor, das von der Barentssee, Spitzbergen und Island bis nach La Rochelle reicht. Er lebt standorttreu vom unteren Litoral bis in Tiefen von 35 m. Im unteren Litoral fallen Butterfische manchmal trocken. Sie überdauern die Ebbe, indem sie Luft atmen und sich unter Steinen oder Tangen verbergen. Während der Fortpflanzungsphase im Winter zieht sich der Butterfisch ins tiefe Wasser zurück. Etwa 80–200 Eier werden unter Steinen oder in Höhlungen abgelegt und vom Männchen bis zum Schlupf der Jungfische bewacht (Abb. 14.84).

Abb. 14.84 Butterfisch im unteren Litoral

Knurrhahn Trigla *sp.*

Knurrhähne *Trigla* sp. können laute knurrende Geräusche produzieren. Sie „schreiten" mit freien Bauchflossenstrahlen über den Meeresgrund. Junge Knurrhähne finden sich bisweilen bei Ebbe in den untersten Litoralbereichen ein.

Knurrhahn *Trigla* sp.

15

Gezeitentümpel – Aquarien in der Gezeitenzone?

Zusammenfassung *Lithotelmen* (von griech. *lithos* = Stein, *telma* = Tümpel), sind kleine Tümpel – Mikrogewässer, die sich in Felsvertiefungen der Spritzwasser- oder Gezeitenzone von Bächen, Seen und vor allem des Meeres bilden. Sie enthalten charakteristische, hochgradig angepasste Organismen. Wir nennen diese Gezeitentümpel auch Cuvetten (frz. *cuvette*) oder engl. *Rockpools* oder *Tidepools*.. Nebenbei: *Phytotelmen* sind Mikrogewässer in Pflanzenteilen, *Technotelmen* Mikrogewässer in künstlichen Strukturen.

T. Jermann, *Strandführer Atlantikküste und Ärmelkanal*,
https://doi.org/10.1007/978-3-662-71235-1_15

Gezeitentümpel erscheinen wie bunte Gärten. Sie beherbergen eine ganz eigene Artenvielfalt. Doch eigentlich kann man in einem Gezeitentümpel fast nicht überleben

Einen Spezialfall im Litoral stellen die Gezeitentümpel, auch *Cuvetten* oder *Rockpools* dar. So bezeichnet man größere oder kleinere Wasserbecken, die beim Zurückweichen des Wassers innerhalb des Litorals in Vertiefungen zurückbleiben. Sie sind – abhängig von Höhenlage und Expositionsgrad – mehr oder weniger lange vom Meer und damit von frischem Meerwasser abgeschnitten. Diese Isolationszeiten können wenige Minuten bis zu mehreren Wochen betragen.

Die Cuvettenökologie beschäftigt sich mit der Untersuchung der Faktoren, die eine Lebensgemeinschaft in einem solchen Gezeitentümpel beeinflussen, sowie mit den Anpassungsstrategien seiner Bewohner bezüglich dieser Faktoren.

Gezeitentümpel sind extreme marine Lebensräume im Litoral von Felsküsten. Sie entstehen bei Ebbe als Restwassertümpel im gesamten Eulitoral und im unteren Supralitoral und können mehrere Tage vom Meer isoliert sein. Sie besitzen keinen kontinuierlichen Zufluss von Frischwasser aus dem Meer. Ihre Wasserparameter verändern sich während der Isolation vom Meer kontinuierlich und zum Teil dramatisch. Sie bieten sich als Refugium gegen das Trockenfallen nur auf den ersten Blick an und scheinen manchen Meerestieren bei Ebbe ein Überleben in „temporären Aquarien" zu sichern. Dies ist jedoch nicht der Fall. Für die meisten Meerestiere stellen sie aufgrund ihrer speziellen Wasserchemie ein höchst gefährliches Habitat dar (Abb. 15.1).

Abb. 15.1 In den unteren Bereichen des Litorals explodiert die Vielfalt. Felstümpel im unteren Litoral

Die Häufigkeit von Überflutungen ist entscheidend

Gezeitentümpel, die im unteren bis mittleren Eulitoral liegen, werden bei Flut täglich zweimal mit frischem Meerwasser versorgt. Die Tümpel der supralitoralen Randzone und des unteren Supralitorals erhalten Frischwasser allenfalls als Spritz- oder Sprühwasser, bei Stürmen oder durch Niederschlag.

Größe und vertikale Lage der Gezeitentümpel im Litoral beeinflussen die Standortbedingungen für die dort lebenden Tiere und Pflanzen erheblich. Im oberen Eulitoral drohen vor allem bei kleinen Tümpeln erhöhte Temperatur und Salinität oder gar Austrocknung im Sommer, hohe Wasserenergie bei Stürmen oder Aussüßen bei Starkregen. Zum Teil bildet das Süßwasser wegen seiner geringeren Dichte über dem schwereren Meerwasser eine einheitliche Schicht. Im Winter können die sinkenden Temperaturen die Stoffwechselprozesse weitgehend stilllegen oder mindestens reduzieren.

Die Artenvielfalt nimmt in der supralitoralen Randzone stark ab und beschränkt sich auf wenige Arten (Abb. 15.2).

Abb. 15.2 Im oberen Litoral ist die Artenvielfalt im Gezeitentümpel gering

Die abiotischen Umwelteinflüsse im Gezeitentümpel

Bei abiotischen Umweltfaktoren sind Lebewesen nicht direkt beteiligt. Sie entstehen und bestehen durch Prozesse der unbelebten Natur. Die wichtigsten abiotischen Faktoren im Litoral sind folgende:

- Wasserqualität, vor allem Temperatur, Salinität, pH-Wert, Sauerstoffsättigung etc.
- Lage im Litoral, Höhe über dem tiefsten Wasserstand
- Expositionsgrad bezüglich Strömung oder Brandung
- Neigungsprofil
- Insolation (Sonneneinstrahlung)
- Luftfeuchtigkeit
- Wind
- Niederschlag
- Häufigste Tageszeit der Isolation vom Meer bei Springtiden (Tagebbe vs. Nachtebbe)
- Nährstoffe (meist durch biologische Prozesse entstanden)
  Diese Faktoren bestimmen das Milieu innerhalb eines Gezeitentümpels maßgeblich.

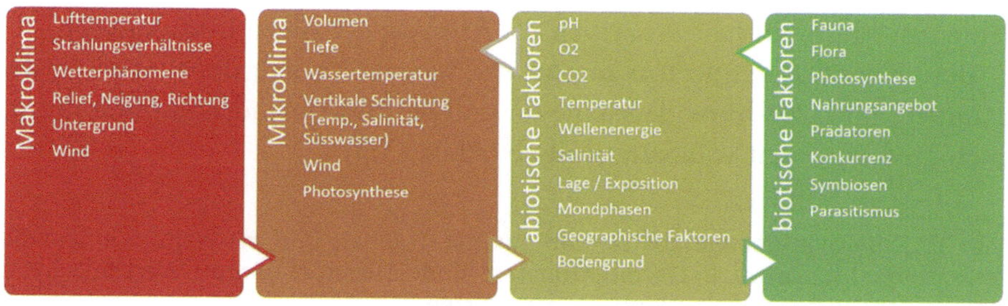

Einflussfaktoren in einem Gezeitentümpel

Die biotischen Faktoren im Gezeitentümpel

Neben den abiotischen Faktoren beeinflussen auch biotische Faktoren das Milieu in Gezeitentümpeln. Wachsen in einem Gezeitentümpel viele Algen, so erhöht sich tagsüber durch die Photosyntheseleistung der Sauerstoffgehalt

(O_2). Parallel steigt auch der pH-Wert, weil die Algen dem Wasser Kohlendioxid (CO_2) für die Photosynthese entziehen. Das Wasser wird dadurch basischer oder alkalischer. Die Photosynthese treibenden heterotrophen Lebewesen senken hingegen nachts durch Sauerstoffverbrauch und CO_2-Produktion den pH-Wert. Die Schwankungen des pH-Wertes im Tagesrhythmus lassen sich fast ausschließlich mit der tagsüber stattfindenden Photosynthese und der Nachtatmung erklären.

Sauerstoff im Wasser eines Gezeitentümpels

Das Sauerstoffangebot ist wie der pH-Wert eigentlich ein abiotischer Faktor; beide werden im Wasser eines Gezeitentümpels jedoch weitgehend von Lebewesen beeinflusst, und beide können stark schwanken. Wir müssen sie deshalb hier als biotische Faktoren behandeln (Tab. 15.1).

Die Menge gelösten Sauerstoffs hängt ab von physikalischen Größen wie der Löslichkeit in Meerwasser, der Temperatur, den Windverhältnissen oder dem Wasservolumen, jedoch auch von biotischen Faktoren wie dem Algenbewuchs und der tierischen Biomasse. Gezeitentümpel mit starkem Algenbewuchs und daher hoher Photosyntheseleistung produzieren während der Tagebbe im Allgemeinen sehr viel Sauerstoff; dieser reicht für die Atmung der darin lebenden Tiere. Bei Tümpeln mit geringem Algenbewuchs, jedoch mit vielen tierischen Organismen entsteht bei Ebbe ein erhebliches Sauerstoffdefizit. Dasselbe Problem tritt bei Nachtebbe noch verstärkt auf, wo aufgrund fehlender Photosynthese zusätzlich die Atmung der Algen hinzukommt.

Bei steigender Temperatur nimmt der Sauerstoffgehalt des Wassers in den Tümpeln und im Sandboden stark ab, und bei zunehmender Salinität nimmt auch die Löslichkeit von Sauerstoff ab (Abb. 15.3).

Tab. 15.1 Beispiel der Variabilität von Sauerstoffgehalt und pH-Wert in einem Gezeitentümpel (*Cuvette*). In Gezeitentümpeln sind Sauerstoff und pH-Wert teils extremen tageszeitlichen Schwankungen unterworfen

	Cuvette mit viel Algenbewuchs		Cuvette mit wenig Algenbewuchs	
Zeit	O_2 (mg/l)	pH	O_2 (mg/l)	pH-Wert
08:00	10,3	8,3	5,1	8,2
09:30	18,3	8,9	3,6	8,2
11:00	25,1	9,0	4,1	8,2
12:00	26,2	9,2	3,9	8,1
13:30	26,0	9,2	3,9	8,0

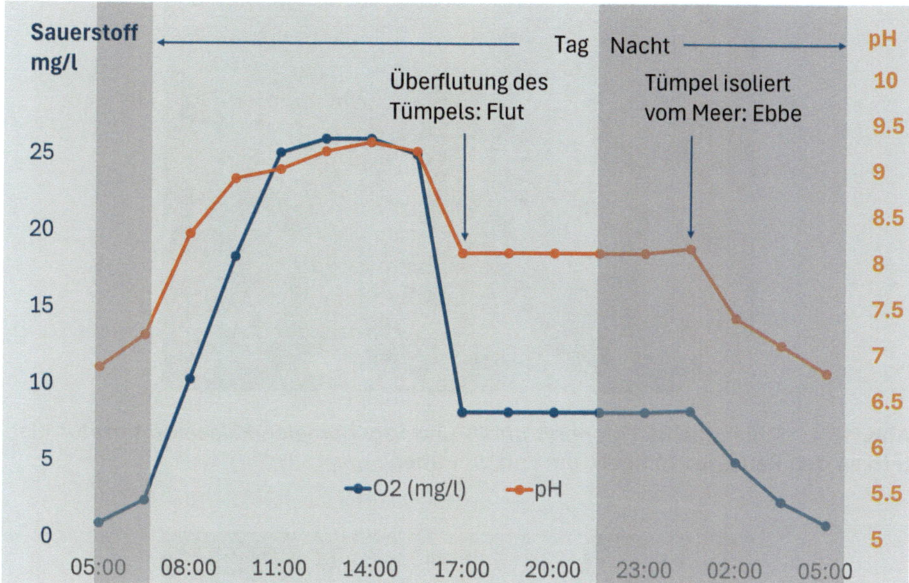

Abb. 15.3 Die Veränderung von pH-Wert und Sauerstoffgehalt in einem durchschnittlichen Felstümpel im Sommer. Tagsüber steigt der Sauerstoffgehalt durch die Photosynthese der Algen schnell an. Nachts sinkt er bedrohlich tief. Gegenläufig bewegt sich der pH-Wert

Luftatmung am Gezeitentümpel

Einige Bewohner der Gezeitenzone zeigen spezielle Anpassungen für eine mehr oder weniger effiziente Luftatmung. *Lipophrys pholis* (Grüner Schleimfisch) geht vor allem nachts an Land, um atmosphärischen Sauerstoff zu atmen (Abb. 15.4). Als Atmungsorgane dienen ihm hier eine speziell ausgestaltete Speiseröhre (*Oesophagus*) sowie Flossen und Haut und in geringerem Maß auch die Kiemen. Dieselben Fähigkeiten hat auch der Amphibische Schleimfisch (*Coryphoblennius galerita*), der an der Atlantikküste und im Mittelmeer vorkommt.

Felsengarnelen der Gattung *Palaemon* verändern bei sinkendem Sauerstoffgehalt des Cuvettenwassers ihr Verhalten. Sie schwimmen mit dem Rücken nach unten an den Wasserspiegel und veratmen die hauchdünne, etwas sauerstoffreichere Grenzschicht der Wasseroberfläche (Abb. 15.5).

Abb. 15.4 Schleimfische *Lipophrys pholis* und Sägegarnelen *Palaemon serratus* klettern an den Rand des Tümpels, um Luft zu atmen

Abb. 15.5 Bei Nacht klettern die Schleimfische aus dem Wasser, falls der Sauerstoffgehalt darin zu tief absinkt

pH-Wert-Veränderungen

Der pH-Wert von Meerwasser beträgt an der europäischen Atlantikküste typischerweise rund 8,1–8,2. Im offenen Ozean schwankt der pH-Wert in den obersten 50 m zwischen 7,9 und 8,25. Im Durchschnitt haben die Weltmeere an der Oberfläche einen leicht basischen pH-Wert von 8,1.

In vorindustriellen Zeiten lag der pH-Wert vermutlich bei gut 8,2. Die exakte Messung des pH-Wertes in Meerwasser ist auch heute nicht immer einfach, denn Salze und Mikroorganismen (ca. 20.000 Spezies pro Liter!) im Wasser stören die Messungen erheblich.

Biologische Aktivität innerhalb von Gezeitentümpeln beeinflusst den pH-Wert stark. Er verändert sich im Verlauf eines Tages deutlich und verläuft fast parallel mit dem O_2-Wert. Tagsüber lässt ein starker Algenbewuchs – durch den photosynthetischen Verbrauch von CO_2 – den pH-Wert ansteigen (> pH 10). Nachts fällt dieser durch die Atmung von Flora und Fauna teils in den sauren Bereich (< pH 7).

Endogener Gezeitenrhythmus

Typische Bewohner der Gezeitenzone, wie der Grüne Schleimfisch *Lipophrys pholis* (Kap. 14), Napfschnecken *Patella* sp. (Kap. 14) oder Kreiselschnecken *Phorcus* sp. zeigen ausgeprägte Aktivitätsrhythmen. Dabei ist der Rhythmus der Gezeiten das bestimmende Element. Ein endogener Gezeitenrhythmus von 24 h und 50 min (Kap. 4) steuert bei diesen Tieren die Aktivität: Bei Ebbe wird die Aktivität generell reduziert und beim Eintreffen der Flut wieder hochgefahren. Die meisten Litoralbewohner zeigen gleichzeitig einen endogenen Tag-Nacht-Rhythmus (Zirkadianrhythmus), der von Helligkeit und Dunkelheit gesteuert wird. Der Gezeitenrhythmus ist jedoch dominant und übersteuert den Zirkadianrhythmus in den meisten Fällen (Abb. 15.6).

Bringt man Tiere aus dem Litoral in kontrollierte Aquarienbedingungen, so behalten die meisten die Gezeitenrhythmik mehrere Wochen lang bei, auch wenn sie im Aquarium keinen Gezeiten mehr ausgesetzt sind. Dauert der gezeitenlose Zustand länger an, geht die Gezeitenrhythmik verloren, und die Aktivität wird fortan durch den Zirkadianrhythmus gesteuert.

Abb. 15.6 Die Kreiselschnecke *Phorcus lineatus* kommt dank endogenem Gezeitenrhythmus auch mit mehrere Tage andauernden Ebbephasen zurecht

Nahrungsangebot

Das Nahrungsangebot in einem Gezeitentümpel ist stark abhängig von seiner Größe, seiner Lage im Litoral und seiner Fauna und Flora. In den meisten Cuvetten scheint sich ein Gleichgewicht eingestellt zu haben: Auf der einen Seite leben in den Tümpeln hochgradig spezialisierte Litoralbewohner, die sowohl „ihren" Tümpel bestens kennen als auch mit den schwierigen Umweltfaktoren der Gezeitentümpel klarkommen. Das Meer liefert andererseits täglich zweimal Nahrung: Neue „Siedler" aus dem Planktonstrom des offenen Meeres werden herangespült, von denen die meisten nicht an die Gezeitentümpel angepasst sind und in der nächsten Ebbephase sterben oder gefressen werden.

Hier gibt es eine Faustregel: Meeresbewohner, die bei Ebbe in einem Gezeitentümpel „gefangen" bleiben, haben geringe Überlebenschancen, denn die „heimischen" Räuber sind sehr effizient und an die lebensfeindlichen abiotischen Faktoren im Tümpel angepasst.

Prädation

Gezeitentümpel bieten Meerestieren bei Ebbe zwar einen guten Schutz vor Austrocknung, sie sind jedoch gleichzeitig auch räumlich begrenzt. Für Raubtiere, die in Gezeitentümpeln leben – wie zum Beispiel die Riesengrundel *Gobius cobitis* – ist es ein Leichtes, solche Irrgäste zu erbeuten.

In Gezeitentümpeln finden sich praktisch keine Seepocken. Der Grund dafür sind vor allem die überaus cleveren Schleimfische *Lipophrys pholis* und *Coryphoblennius galerita*, deren Hauptnahrung Seepocken sind. Sie erbeuten die Seepocken, indem sie warten, bis sich deren Rankenfüße ins Wasser ausstrecken, und die Seepocken dann blitzschnell aus ihrem Gehäuse reißen. Während der Ebbephasen räumen die Schleimfische die Gezeitentümpel regelrecht aus (Abb. 15.7).

Abb. 15.7 Ein Grüner Schleimfisch *Lipophrys pholis* erbeutet Seepocken

Symbiosen

Die Wachsrose (*Anemonia viridis*), eine Seeanemone, beherbergt in ihrem Gewebe photosynthetisch aktive Zooxanthellen (*Dinoflagellata*): Diese Symbionten produzieren Glukose für die Anemone und beseitigen gleichzeitig Stoffwechselendprodukte. Bei der Verdauung von tierischem Futter erhöht die Anemone ihren Sauerstoffverbrauch. Die Zooxanthellen sorgen mit ihrer Photosynthese für Sauerstoffnachschub (Abb. 15.8)!

Abb. 15.8 Die Wachsrose *Anemonia viridis* lebt in enger Symbiose mit Zooxanthellen. Sie bevorzugt im Litoral flache Gezeitentümpel, die von der Sonne stark beleuchtet werden

Fluoreszenz im Gezeitentümpel

Warum fluoreszieren manche Seeanemonen der Gezeitenzone? Sie schimmern grünlich, rötlich oder sogar bunt, wenn sie mit UV-Licht angeregt werden. Auch viele Korallen in tropischen Flachwasserriffen fluoreszieren bei Beleuchtung mit Sonnenlicht oder UV-Lampen. Die Fluoreszenz entsteht durch Fluoreszenzproteine, die durch den UV-Anteil im Sonnenlicht angeregt werden und dann farbiges Licht abgeben. Für die oft der starken Sonneneinstrahlung des Litorals ausgesetzten Korallen und Seeanemonen dienen die Fluoreszenzproteine als Sonnenschutz gegen zu viel Licht (Abb. 15.9).

Abb. 15.9 Bei Beleuchtung mit Ultraviolett erstrahlen manche Tiere des Litorals in grellen Farben. Versuchen Sie es auch einmal!

16

Algen und Algenwälder

Zusammenfassung Gefäßpflanzen – Gräser, Kräuter, Sträucher oder Bäume, wie wir sie vom Land kennen – gibt es fast keine im Meer. Die Pflanzen des Meeres sind die Algen. Den „Algen" gemeinsam ist, dass sie im Wasser leben und Photosynthese betreiben. Außer im Wasser gibt es allerdings auch Algen im Boden sowie Luftalgen, Schneealgen, Algen in Flechten … Was sind Algen denn nun?

Der Ausdruck „Algen" beschreibt die unterschiedlichsten Lebewesen, die in feuchten oder nassen Lebensräumen vorkommen, Photosynthese betreiben und Sauerstoff freisetzen. Algengruppen wie Kieselalgen, Blau-, Rot-, Grün- oder Braunalgen haben untereinander kaum Gemeinsamkeiten. Sie sehen nicht nur verschieden aus, sie sind nicht einmal näher miteinander verwandt. So zählen die „Blaualgen" nicht zu den höher entwickelten Einzellern oder höheren Algen, sondern sind Bakterien, und dennoch spricht man von ihnen als „Algen".

Manche einzellige Alge ist so beweglich, dass man sie unter dem Mikroskop sofort den Tieren zuordnen möchte. Die meisten Algenarten sind winzig klein und bestehen nur aus einer einzigen Zelle. Man nennt diese Arten Mikroalgen. Manche Braunalgen hingegen gehören zu den größten marinen Organismen, die es überhaupt gibt, so etwa die Nordamerikanische Riesentange (Abb. 16.1).

T. Jermann, *Strandführer Atlantikküste und Ärmelkanal*,
https://doi.org/10.1007/978-3-662-71235-1_16

Abb. 16.1 Die riesenhafte Alge des Nordpazifiks *Nereocystis luetkeana* besitzt große Auftriebskörper

Die Algen nehmen im Meer eine zentrale Rolle ein: Sie produzieren mit Licht etwa 50 % des Sauerstoffs (O_2) der Erde und binden Kohlendioxid (CO_2) aus der Atmosphäre. Sie sind *die* Produzenten des Meeres, denn sie sind es, die die marine Biomasse hauptsächlich aufbauen. Ihre Photosynthese ist die Grundlage für die großen Nahrungsketten im Meer, an deren Spitze Haie, Wale und Delfine – oder wir mit der Fischerei – profitieren.

Algen liefern uns viele Produkte, die aus unserem Alltag nicht mehr wegzudenken sind. Manche Algen können in Massen auftreten und Küsten, Menschen und Tiere schädigen.

Im Litoral kommt den Algen eine immense Bedeutung zu: Sie bieten Tieren nicht nur Sichtschutz und Deckung vor Fressfeinden, in den Gezeitentümpeln sorgen sie für einen ausreichenden Sauerstoffgehalt, und sie spielen eine entscheidende Rolle im Nährstoffkreislauf des Meeres. Außerdem bieten sie Laichgrund zum Beispiel für Fische oder Schnecken, sie strukturieren den gesamten Lebensraum des Litorals, und vielen Herbivoren bieten sie eine Ernährungsgrundlage.

Makroalgen

Wir befassen uns hier ausschließlich mit *Makroalgen*, solchen Arten also, die wir im Litoral sichten und bestimmen können. Drei Gruppen von Algen sind dabei sehr wichtig: die Grünalgen *Chlorophyta*, die Rotalgen *Rhodophyta* und die Braunalgen *Phaeophyceae*. Dabei ist zu beachten, dass die Grünalgen und die Rotalgen Schwestergruppen zu den Landpflanzen darstellen, die Braunalgen – mit den großen Tangen – jedoch keine Verwandtschaft zu jenen aufweisen und eher mit Kieselalgen verwandt sind (Abb. 16.2).

Abb. 16.2 Die schöne Rotalge *Polyides rotundus* wächst unter Umständen auch auf Algologen. (Als Hartsubstrat dient hier Haroun Frick)

Abb. 16.3 Angeschwemmter Riementang *Himanthalia elongata*. Der Thallus besteht fast ausschließlich aus Geschlechtsorganen (Kap. 14)

Obwohl diese drei Gruppen der Makroalgen nicht nahe miteinander verwandt sind, teilen sie doch einige Merkmale – und die Habitate an den Küsten der Meere. Dort wachsen sie bevorzugt auf dem harten Substrat des Felswatts. Algen wachsen mit wenigen Ausnahmen immer auf festem Untergrund (auch wenn dieser so klein sein kann wie ein Sandkorn). Sie gewinnen Energie durch Photosynthese: Alle drei benutzen zwar Chlorophyll, aber die Rotalgen haben auch rote Pigmente (*Phycocyanin* und *Phycoerythrin*) und die Braunalgen zusätzlich braune Pigmente (*Fucoxanthin*). Diese akzessorischen Pigmente ermöglichen es den Algen, unterschiedliche Wellenlängen im Meer zu nutzen (Abb. 16.3).

Makroalgen haben schlüpfrige „*coatings*“ – schleimige Überzüge – auf ihren Thalli, die es ihnen ermöglichen, sich in den Wellen frei zu bewegen, ohne allzu viel Abriebschäden zu erleiden. Manche Algen wie die Vertreter der Familie der *Corallinaceae* („Korallenmoose“) sind kalzifiziert – auch dies ein Schutzmechanismus gegen die Wellenenergie und gegen Fressfeinde.

Wie viele Algenarten gibt es?

Es gibt nur grobe Schätzungen, wie viele Algenarten es überhaupt gibt. Manche Autoren gehen von mehr als 30.000 Arten aus, andere schätzen über eine Million! Mittlerweile sind auf jeden Fall rund 44.000 Arten (www.algaebase.org) beschrieben worden.

Weltweit sind bisher knapp 11.000 Arten von Makroalgen bekannt, wovon rund 7000 zu den Rotalgen, 2000 zu den Braunalgen und 1700 zu den Grünalgen gezählt werden. Im Ärmelkanal finden wir davon wohl etwa fünf Prozent: Mehr als 600 Arten lassen sich beispielsweise auf den Stränden der bretonischen Nordküste finden! Dies macht die Küsten des Ärmelkanals zu herausragenden Hotspots der Biodiversität.

Wo kommen Algen vor?

Algen kommen im gesamten Eulitoral (Abschn. „Das Eulitoral“) bis weit ins Sublitoral (unterhalb des Einflusses der Gezeiten) vor. Die Maximaltiefe für das Vorkommen von Algen wird durch die Lichtdurchlässigkeit des Wassers bestimmt. In der Bretagne liegt die Algen-Untergrenze bei rund 45 m Tiefe. Das Vorkommen der Makroalgen in den Meeren ist – mit Ausnahme von pelagischen Algen –auf ein schmales Band beschränkt, das sich eng um die Küsten der Kontinente und Inseln anschmiegt.

Welche Algenbiotope gibt es?

Hartsubstrat im Eulitoral: Fester Untergrund wird immer fast sofort von Algen überwachsen. „Hartsubstrat“ kann ein Fels sein oder die Schale einer Napfschnecke, eine Hafenmole, ein Schiffsrumpf, ein kleiner Kieselstein oder ein Sandkorn. Algen, die im Litoral wachsen, können mit der Trockenlegung während der Ebbe umgehen. Sie tolerieren die Trockenheit oder reduzieren deren negative Effekte.

Gezeitentümpel: Algen in Gezeitentümpeln hingegen haben nie das Problem der Trockenlegung, allerdings müssen sie mit den extremen pH-, Temperatur- oder Salinitätsverhältnissen im Gezeitentümpel klarkommen. Wir finden deshalb in den Cuvetten spezialisierte Algengemeinschaften, die Anpassungen an diesen Lebensraum entwickelt haben. Im Litoral nimmt die Artenvielfalt an Algen innerhalb von Cuvetten von oben nach unten stark zu. In den obersten Litoralabschnitten dominieren Ulva-Arten, weiter unten sind die Cuvetten durch inkrustierende Rotalgenbeläge charakterisiert. Manche Algen des Sublitorals können in Cuvetten gedeihen („erhöhtes Sublitoral“) (Abb. 16.4).

Abb. 16.4 In Gezeitentümpeln wachsen hoch spezialisierte Algenarten

Die prächtige Grünalge *Codium* sp. gedeiht gut in Gezeitentümpeln. Ihr schwammiger Thallus (Algenkörper, „Blatt") besteht aus einer einzigen verzweigten Zelle! Eine Felsengarnele *Palaemon serratus* benutzt sie als Ausguck

Algenrasen: Unterhalb der Kelpwälder, wo die Lichtmenge für die großen Tange nicht ausreicht, erstreckt sich häufig ein Band aus dichten Beständen kurzwüchsiger Algen („*algal turf*").

Sandiges Felssubstrat: Im Litoral treffen sandige Strandabschnitte auf Felswatt. Der Sand wird bei eintreffender Flut oft in die Felsen getragen und lagert sich temporär dort ab. Nur wenige Arten können diese Überdeckungen überstehen. Es gibt jedoch eine Algengemeinschaft, die sich gerade auf diese Umstände spezialisiert hat (*Furcellaria lumbricalis*, *Polyides rotundus*, *Gracillaria gracilis*, *Plocamium maggsiae*, *Ahnfeltia plicata*).

Tang-/Algenwälder: Das Ökosystem „Tang-", „Kelp-" oder „Algenwald" wird in den Uferzonen von gemäßigten und kühlen Meeren vor allem aus Braun- und Rotalgenbeständen gebildet. Die Tangwälder bieten einen reich strukturierten Lebensraum für unzählige andere Algen- vor allem aber Tierarten. Im Ärmelkanal werden die Tangwälder vorwiegend von *Sacchorhiza polyschides* und *Saccharina latissima* gebildet. Im Bereich der Gezeiten liegen ausgedehnte Flächen mit *Fucus-serratus*-„Wäldern", mit dichten Beständen von *Ascophyllum nodosum* und *Himanthalia elongata*, die eine ganz ähnliche Bedeutung für die Biozönosen des Litorals haben (Abb. 16.5).

Abb. 16.5 Große Braunalgen-Tange – können sehr dichte Bestände bilden, in denen sich ein immenser Artenreichtum entwickelt

Abb. 16.6 Maerl sind „lebende Knöllchen" aus Kalkrotalgen

Maerl: *Maerl* besteht aus roten Knöllchen (*Rhodolithen*) verschiedener kalkinkrustierender Rotalgen *Corallinaceae*: 7 Arten der Gattungen *Lithophyllum*, *Lithothamniion*, *Phymatolithon* sind an *Maerl* beteiligt. Diese Algenarten verstärken ihre Zellwände durch Kalziteinlagerungen. *Maerl* entsteht im Flachwasser bei guter Strömung, meist in geschützten Lagen (Abb. 16.6).

Was ist Kelp?

Der Ausdruck *kelp* stammt aus dem Englischen und bezeichnete ursprünglich die Asche von verbrannten Meeresalgen. Im 19. Jahrhundert wurde Asche aus Meeresalgen unter anderem zur Gewinnung von Soda, Pottasche und Jod verwendet. Das Wort *kelp* wurde im Laufe der Zeit auf die Algen selbst übertragen. Es handelt sich bei Kelp vor allem um die großen Braunalgen der Gattungen *Macrocystis*, *Nereocystis*, und der Ordnung der *Laminariales* (Zuckertang, Palmentang, Fingertang usw.)

Nebenbei: Wo sind eigentlich Algen drin?

Algen sind aus unserem Alltag nicht wegzudenken. Auch wenn man sich dessen nicht immer bewusst ist: Extrakte und Produkte aus Algen finden sich in ganz unterschiedlichen Produkten, nicht nur in Lebensmitteln – wie den Makroalgen Kombu, Nori oder Wakame, die in der japanischen Küche verwendet werden.

Kombu	ist ein essbarer Zuckertang *Saccharina japonica* (auch „Seekohl"), der einen hohen Jodgehalt aufweist. *S. japonica* ist mit *S. latissima* der Atlantikküste nahe verwandt. Es gibt viele Zubereitungsarten, meist wird *Kombu* als Flocken oder getrocknete Streifen verkauft und – in Wasser eingelegt oder gekocht – als Beilage serviert.
Nori	sind blattartige hauchdünne Algenprodukte, die vorwiegend für Sushirollen verwendet werden. Dazu verwendet man blättrige Rotalgen der Gattungen *Porphyra, Pyropia* und *Neopyropia*, insbesondere *Neopyropia yezoensis* und *Neopyropia tenera*. Die Herstellung ähnelt der Papierherstellung: Die gezüchteten Algen werden kleingehackt und zu einer Suspension gerührt, die zu Platten gegossen und nachher getrocknet wird. So entstehen die hauchdünnen Algenblätter für Sushirollen.
Wakame	*Undaria pinnatifida* ist eine Braunalgenart innerhalb der *Laminariales*, die ursprünglich an den Kaltwasserküsten Ostasiens heimisch war und mittlerweile als eingeführte und invasive Art in vielen Meeren verbreitet ist, auch im Ärmelkanal. In Japan und Korea wird sie als Lebensmittel sehr geschätzt. Man kann die schöne Alge als Salat, in Suppen oder geröstet essen.
Dynamit	Nitroglycerin ist sehr schlag- und feuerempfindlich. Alfred Nobel mischte es mit Kieselgur und entwickelte so das Dynamit, das ohne Zünder ungefährlich ist. Kieselgur besteht weitgehend aus fossilen Kieselalgen (Diatomeen).
Blaue *Smarties*	Der blaue Farbstoff in den blauen Schokolinsen stammt aus *Spirulina*, einer Cyanobakterie (früher „Blaualge"). *Spirulina* ist auch als Nahrungsergänzungsmittel beliebt, denn es enthält viel Vitamin B_{12} und hat einen hohen Eiweißgehalt.
Fotopapier	Die glatte Oberfläche von Fotopapier enthält ein Gel aus Algenextrakten. Dieses saugt die Entwicklerflüssigkeiten schnell auf und sorgt für gleichmäßiges Entwickeln des Bildes.
Suppe, Pudding	In Suppen, Puddings, Mousse oder Glacé kommt oft *Agar-Agar*, ein Algenprodukt, als Gelier-, Überzugs-, Stabilisierungs- oder Verdickungsmittel zum Einsatz. *Agar-Agar* stammt aus den Zellwänden bestimmter Rotalgen, vor allem der Gattungen *Gracilaria, Gelidiopsis, Gelidium, Hypnea* und *Sphaerococcus*.
Zahnpasta	Die Kreide in der Zahnpasta besteht aus kalkschaligen Mikroalgen, sogenannten Kalkflagellaten (*Coccolithophorida*, auch *Coccolithales, Coccolithophorales* oder *Coccolithophyceae*); sie sorgt für den richtigen Abrieb an den Zähnen. Agar-Agar, ein weiteres Algenprodukt, erzeugt die gewünschte gelartige Konsistenz der Paste.
Bier	Das Schönste zum Schluss. Auch Bier enthält oft Alginate. Sie sorgen dafür, dass das Bier einen schönen Schaum bekommt und ihn auch lange behält. Alginate sind die Salze der Alginsäure, die vor allem aus den großen Kelp-Arten der Gattungen *Laminaria, Ecklonia, Macrocystis, Lessonia, Ascophyllum* oder *Durvillea* gewonnen werden. Alginat findet auch als Verdickungs- oder Geliermittel Verwendung.

So entstehen Algenblüten und Algenpesten

Grünalgen der Gattung *Ulva* (*U. lactuca* oder *U. intestinalis*) können bisweilen in Massen auftreten und Probleme an den Küsten verursachen. Ihre Form erinnert an Salat – sie heißen deshalb auch „Meersalat".

Algenblüte in einem Gezeitentümpel

Algen, Wasser, Licht, Nährstoffe – alles muss stimmen. Die Algenblüten, die manchmal an Atlantikküsten auftreten, entstehen nur unter dem gleichzeitigen Einfluss folgender Faktoren:

1. Losgelöste Grünalgen (zum Beispiel der Meersalat *Ulva* sp.): Wenn in einem Meeresgebiet oder an einer Küste bereits viele Algen vorkommen, die ein Potenzial für eine Pest entwickeln können, dann ist die erste Bedingung erfüllt.
2. Starke Brandung: Bei starkem Wellengang (es braucht nur einen kleinen Sturm) werden regelmäßig Algen der Gezeitenzone vom felsigen Untergrund abgerissen und durch die sich brechenden Wellen an der Küste in Stücke zerfetzt. Die Grünalge *Ulva* (Meersalat) zum Beispiel kann derart zerkleinert werden, dass vom Algenkörper (Thallus) nur noch Einzelzellen übrig bleiben.

Jede dieser Zellen kann wieder zu einer ganzen Ulva auswachsen – sie wächst flächig und erreicht gut 30 × 30 cm. Individuenzahl und Volumen der Algen können auf diese Art extrem zunehmen.

3. Viel Sonne und Wärme nach einem Sturm: Je heller die Sonne scheint, desto mehr Photosynthese können die Grünalgen betreiben. Mehrere aufeinanderfolgende ruhige Sonnentage in den Sommermonaten heizen das flache Küstenwasser stark auf (es wird immerhin 20 °C warm), was die Zellteilung und damit das Wachstum der zerkleinerten Ulva beschleunigt.
4. Klares Wasser: In transparentem Wasser kann mehr Licht eindringen als in trübem. Dies bewirkt ein beschleunigtes Wachstum durch erhöhte Photosyntheseleistung der Algen. Ihr Volumen nimmt zu.
5. Seichte Buchten mit hellem Meeresgrund: Der helle Meeresboden reflektiert die Sonneneinstrahlung. Die im Wasser schwebenden Algen erhalten dadurch zusätzlich viel Licht von unten, was die Wachstumsrate nochmals steigert.
6. Geringer Wasseraustausch mit dem offenen Meer in Buchten: In manchen Meeresbuchten ist der Wasseraustausch trotz starker Gezeiten relativ bescheiden. Die Algen werden daher nicht ins offene Meer hinaustransportiert, sondern konzentrieren sich über Wochen in der Bucht.
7. Nährstoffe/Stickstoff: Mancherorts ist die Landwirtschaft in Küstennähe derart intensiv, dass Nährstoffe in Form von Stickstoff (Dung, Gülle, Dünger) mit dem Regenwasser vom Landesinnern ins Meer gespült werden. Es gibt mehrere tausend Viehzucht- und Artischockenfarmen in der Bretagne.

Nährstoffe können temporär und regional auch ohne menschliches Zutun im Übermaß vorhanden sein. Natürliche lokale Nährstoffquellen sind zum Beispiel abgestorbene Meeresorganismen, unterseeische Quellen, aufsteigendes Tiefenwasser oder verlandende Flussmündungen.

Sind alle diese Bedingungen gleichzeitig erfüllt, besteht die Chance, dass sich Algenpesten bilden. Innerhalb von zwei Wochen können die Mengen der angeschwemmten Algen gewaltige Ausmaße annehmen. Die Gezeiten spülen immer mehr der schnell wachsenden Algen an den Strand, wo sie sich auftürmen, verfaulen und giftige Gase freisetzen können.

Anlegen eines Algenherbariums

Es lohnt sich, ein Algenherbar herzustellen. Die Schönheit der Algen ist oft unglaublich. Mit einem Herbar lassen sich die zerbrechlichen Algen über viele Jahre aufbewahren oder präsentieren. Der Aufwand ist nicht gering, und man muss exakt arbeiten. Es lohnt sich jedoch!

Die Anleitung und die Abbildungen zur Erstellung eines Algenherbars stammen von Dr. Haroun Frick, Basel (CH).

Herstellung eines Algenherbariums

Material

- Dickes (ca. 240–300 g/m^2), weißes Papier DIN A4
- Möglichst viele Zeitungen
- Optional Löschpapier/Fließpapier
- Nylontücher (z. B. einen Nylonvorhang in kleine Stücke schneiden)

Schritt 1: **Die Algenart bestimmen und beschriften.** Am besten hält man Stamm, Ordnung, Familie, Gattung und Art der Alge fest, außerdem Datum der Ernte, Fundort, Name des Finders und desjenigen, der die Alge bestimmt hat, sowie besondere Vermerke. Alle Angaben mit Bleistift auf das Papier schreiben. Bleistift ist wasserfest!

Schritt 2: **Alge platzieren**. Das beschriftete Papier[1] in eine mit Meerwasser gefüllte Schale eintauchen. Alge ins Wasser geben und auf dem Papier (mit den Fingern, bei sehr feinen Algen mit einem Pinsel oder einer Nadel) ausbreiten. Alge zusammen mit dem Papier sachte aus dem Wasser ziehen.

Schritt 3: **Flüssigkeit entfernen.** Zuerst das Blatt leicht geneigt halten, damit das Wasser abfließen kann, dann den Herbariumsbeleg auf mehrfach geschichtete Zeitungsblätter legen. Diese entziehen während des Pressens dem Blatt von unten her Wasser.

Schritt 4: **Die Trennschicht**. Ein Nylontüchlein über den Herbariumsbeleg legen. Dieser Schritt verhindert, dass die Alge während des Pressens am Zeitungspapier kleben bleibt. Auf das Nylontüchlein werden optional ein Löschblatt und darüber mehrere Zeitungsblätter gelegt. Es muss sichergestellt werden, dass unter- und oberhalb der Alge genügend Zeitungschichten liegen, damit Alge und Papier trocknen können.

Schritt 5: **Das Pressen**. Hierzu können statt einer Pflanzenpresse auch zwei Bretter dienen, zwischen denen die Algen mit Zeitungen liegen. Damit die Feinstruktur der Algen erhalten bleibt, sollte man die Presse mit maximal 13 kg beschweren.

Schritt 6: **Trocknen, trocknen, trocknen.** Die Zeitungen müssen täglich durch trockene ausgetauscht werden, sonst riskiert man, dass die Algen aufgrund der Feuchtigkeit zu faulen beginnen. Das tägliche Auswechseln des Zeitungspapiers sollte man während der ersten 8 Tage einplanen, bei dickeren Algen eventuell noch länger. Danach können die Intervalle während 2 Wochen auf 3–4 Tage ausgedehnt werden.

[1] Damit sich das Papier nicht sofort auflöst, sollte es eine gewisse Dicke aufweisen. Zudem verzieht es sich nicht so stark nach dem Trocknen. Bleistift verschmiert nicht, wenn es mit Wasser in Kontakt kommt.

17

Salzwiesen, Schlickstrände, Flussmündungen

Zusammenfassung Salzwiesen werden vom Meer periodisch – bisweilen auch unregelmäßig – überflutet. Ihre Bestände krautiger Pflanzen sind an diesen Wechsel von terrestrischen und marinen Bedingungen bestens angepasst. Die Salzwiesenvegetation bildet im Einflussbereich von Gezeiten den Übergang zwischen Land und Meer. In gemäßigten Klimazonen kommen Salzwiesen oder Salzsümpfe an strömungsarmen Flachküsten vor – jeweils im Bereich der Hochwasserlinien.

Die Lebensgemeinschaften aus salzliebenden Pflanzen – den Halophyten – und den in Salzwiesen lebenden Tieren ertragen sowohl Überflutungen als auch hohe Salzgehalte des Meereswassers und des Bodens. Sie sind durch einige besondere Eigenschaften bestens an das Extrembiotop angepasst.

T. Jermann, *Strandführer Atlantikküste und Ärmelkanal*,
https://doi.org/10.1007/978-3-662-71235-1_17

Salzwiese bei einsetzender Ebbe

Obligatorische Halophyten

Manche Pflanzen gedeihen nur richtig bei einem bestimmten Mindestsalzgehalt. Wird dieser im Boden nicht erreicht, können sie beispielsweise nicht keimen oder wachsen nur kümmerlich. Ein gutes Beispiel sind hier die Queller der Gattung *Salicornia*. Quellerpflanzen bilden im Watt die Basis für die Entstehung einer Salzwiese, indem sie das strömende Wasser abbremsen: Strömungsberuhigung und Sedimentation führen dazu, dass der Boden über das normale Niveau steigt. Er wird seltener überflutet und bietet nun anderen Pflanzen, die weniger salztolerant sind, einen Lebensraum. Auf diese Art und Weise entsteht eine Salzwiese.

Fakultative Halophyten

Manche Arten wie die Strandaster *Aster tripolium* wachsen zwar besser in einem Boden mit nur geringem Salzgehalt, sie leiden jedoch ohne Meerwassereinfluss an Konkurrenz durch Süßwasserpflanzen (*Glycophyten*). Da diese schneller wachsen oder sich schneller vermehren können, verdrängen sie die Strandaster. Sie begegnet dem Konkurrenzdruck, indem sie auf salzigere, tiefer liegende Böden ausweicht. Mit zunehmendem Salzgehalt des Bodens sind die *Glycophyten* ihrerseits zusehends gestresst und wachsen nur dürftig, während die Strandaster sich auch hier bestens halten kann. Salztoleranz schafft klare Vorteile gegenüber ihren weniger salztoleranten Konkurrenten (Abb. 17.1).

Abb. 17.1 Binsen *Juncus sp.* sind in und an Salzwiesen oft vertreten

Indifferente Halophyten

Indifferente Halophyten bilden die Übergangsformen zu reinen Landpflanzen oder Süßwasserpflanzen. Ihre Toleranz ist zwar relativ gering, sie kommen aber noch gut mit Salzböden zurecht, die eine leicht erhöhte Salzkonzentration aufweisen.

Beispiele für diese indifferenten Halophyten sind Kröten-Binse *Juncus bufonius*, Weisses Straußgras *Agrostis stolonifera*, Rotschwingel *Festuca rubra litoralis*, Kriechender Hahnenfuss *Ranunculus repens* oder Mauerpfeffer *Sedum* sp. (Abb. 17.2).

Abb. 17.2 Schlickgras *Spartina* sp

Warum den Salzgehalt regulieren?

Allzu hohe Konzentrationen von Kochsalz (NaCl, Natriumchlorid) wirken als Zellgift. NaCl dissoziiert, wenn es in Wasser gelöst wird. Hohe Konzentrationen von Natriumionen erschweren die Aufnahme von Kaliumionen. Allerdings ist die Aufnahme von Salz dennoch notwendig, um den osmotischen Druck innerhalb der Pflanze aufrechtzuerhalten. Der osmotische Druck ermöglicht die Aufnahme von Wasser durch Wurzelgewebe. Die Pflanze muss also Salz aufnehmen, es aber gleichzeitig vom Stoffwechsel fernhalten. Ein zu hoher Salzgehalt im Zellinnern würde die Enzymaktivität negativ beeinflussen.

Wie aber wird man das Salz am besten los? Am einfachsten wird das Salz in der Vakuole, einer Flüssigkeitsblase in der Zelle, gelagert. Diese hat nun einen sehr hohen osmotischen Druck. Damit das umgebende Zytoplasma nicht entwässert wird, reichert die Pflanze darin ebenfalls osmotisch wirksame Substanzen an, die jedoch die Enzymaktivität nicht beeinflussen. Geeignete Pflanzensubstanzen sind beispielsweise Prolin, Betain und, bei *Plantago maritima*, Sorbitol.

Salzregulationsmechanismen

Es gibt für Pflanzen mehrere Wege, den Salzgehalt zu regulieren:

1. **Ausschluss:** Der Queller *Salicornia europaea* besitzt spezielle casparische Streifen (Radialwände der Wurzel-Endodermiszellen), die durch Einlagerungen von Lignin und Endodermin verdickt sind. Stark ionenhaltiges Wasser wird dadurch außen zurückgehalten. Der für den internen Wassertransport notwendige osmotische Druck wird durch einen hohen Zucker- und Salzanteil und durch organische Säuren gewährleistet (Abb. 17.3).

Abb. 17.3 Der Queller *Salicornia perennis* ist je nach Jahreszeit unterschiedlich gefärbt. Ab dem Sommer werden die Pflanzen rot

2. **Verdünnung:** Die Zellwände mancher Halophyten sind sehr elastisch. So können die Zellen bei Bedarf stark aufblähen und so Schwankungen des osmotischen Drucks kompensieren. Bei höheren Konzentrationen nimmt die Pflanze viel Wasser auf, und die Gewebe schwellen an.
3. **Abwerfen salziger Pflanzenteile**: Manche Halophyten lagern so viel Salz in spezielle Gewebe ein, dass diese absterben. Solche „Salzmüllsäcke" finden sich nicht in der gesamten Pflanze, sondern an nur definierten Stellen. Beispielsweise werden die ältesten Blätter mit Salz gefüllt, kurz bevor sie absterben.

   Beispiele

   - Die Salzbinse *Juncus gerardi* lagert überflüssige Salze an den Blattspitzen ein.
   - Der Queller *Salicornia europaea* lagert überschüssiges Salz in Vakuolen ein. Der Queller ist sehr salztolerant. Sein Vegetationszyklus ist dann beendet, wenn das Salz tödliche Konzentrationen überschreitet. Die Pflanze färbt sich leuchtend rot und stirbt gegen Ende des Sommers ab (Abb. 17.3).
   - Strand-Dreizack *Triglochin maritima*. Neben dem Blattabwurf enthält die Pflanze bis zu 20 % Trockengewicht Prolin, eine osmotisch aktive Aminosäure.

4. **Salzdrüsen:** Das Ausscheiden von Salz über spezialisierte Salzdrüsen ist sehr energieaufwendig. Die Salzionen werden aktiv gegen ein osmotisches Gefälle in die Drüsen transportiert. Die Drüsen geben die konzentrierte Salzlösung danach durch Poren an die Außenwelt ab.

   Beispiele:

   - Der Strandflieder *Limonium vulgare* kann bis zu 0,5 ml Salzlösung pro Stunde ausscheiden. Möglich wird dies durch eine enorme Anzahl von Drüsen: Auf einem Quadratzentimeter Blattoberfläche finden sich 3000 Drüsen (Abb. 17.4).
   - Die Sand-Grasnelke *Armeria maritima* hat immerhin 590 Drüsen pro Quadratzentimeter Blattoberfläche, und das
   - Milchkraut *Glaux maritima* enthält 800 Drüsen pro Quadratzentimeter Blattoberfläche.

5. **Verdunstung verringern:** Starke, anhaltende Winde und hohe Sonneneinstrahlung erhöhen die Transpiration an den Blattoberflächen. Das führt zu Wasserverlust und schnellerem „Nachsaugen" von Wasser

Abb. 17.4 Strandflieder *Limonium vulgare*

durch die Wurzeln. Die Folge ist eine steigende Salzkonzentration in der Pflanze. Manche Lösungen gegen die Verdunstung sind schlicht genial:

Behaarte Blätter schränken die Luftzirkulation auf der Blattoberfläche ein.

- Meerstrandbeifuß *Artemisia maritima*
- Kali-Salzkraut *Salsola kali*

Eingerollte Blätter sorgen für eine kleinere Blattoberfläche, die Wind und Sonne ausgesetzt ist. Außerdem schließen diese Pflanzen ihre **Spaltöffnungen**.

- Rotschwingel *Festuca rubra littoralis*
- Andelgras *Puccinellia maritima*
- Strandquecke *Agropyron littorale*

Wachsschichten auf der äußersten Blattschicht reduzieren die Verdunstung durch die Blattoberfläche:

- Straußgras *Agrostis alba*,
- Strandquecke *Agropyron pungens* … sowie viele Dünenpflanzen.

Silbrige Blattoberflächen reflektieren einen beachtlichen Teil der Sonneneinstrahlung, was das Aufheizen des Blattes verringert.

Pflanzen der Salzwiesen

a Strandsode *Suaeda maritima* **b &c** Portulak-Keilmelde *Halimione portulacoides*. Feine, nur zwei Zellen umfassende, Härchen an der Blattoberfläche geben der Keilmelde eine matte Erscheinung. Die Härchen dienen der Salzregulation, indem sie überschüssiges Salz einlagern. Mit der Zeit brechen die Härchen entweder ab oder bersten auf. Das Salz ist damit entsorgt! **d** Strandflieder *Limonium vulgare* **e** Der Queller *Salicornia europaea* wird im Sommer rot – ein Zeichen dafür, dass er schon sehr viel Salz in seinen Geweben eingelagert hat. **f** Die Blüten des Quellers sind winzig!

a Schuppenmiere *Spergularia* sp. **b** Gelber Hornmohn *Glaucium flavum* **c** Stranddistel *Eryngium maritimum*

Schlick- und Flussmündungen

Schlickstrände entstehen immer dort, wo die Küste vor starken Strömungen und Brandung geschützt ist. Oft bilden sie sich im Bereich von Flussmündungen, wo diese Bedingungen perfekt erfüllt sind. Hier haben die feinsten Sedimentpartikel im Wasser die Möglichkeit, zu Boden zu sinken. Die Sedimente bestehen nicht nur aus feinen Sandkörnern und anderen mineralischen Partikeln, sondern auch aus Ausscheidungen von Tieren und aus abgestorbenen Meereslebewesen. Der organische Anteil kann sehr hoch sein. Schlickstrände sind oft brackig, stellen also eine Mischung aus Meerwasser und Süßwasser dar.

In Flussmündungen sammeln sich oft sehr feine Sedimente, die sich als meterdicker Schlick ablagern

Die Küstenbereiche der Meere helfen mit, Kohlendioxid zu speichern. Vor allem feinkörnige und schlammige Meeresböden weisen einen hohen Gehalt an organischem Kohlenstoff auf. Dieser ist meist an Partikel gebunden (*particulate organic carbon,* POC). Die Kohlenstoffpartikel entstehen durch Biomassenaufbau vermehrt in den küstennahen, lichtdurchfluteten Meeresbereichen. Wenn diese sedimentieren und überdeckt werden, stellen sie bedeutende Kohlenstoffsenken dar und wirken dem globalen Treibhauseffekt entgegen (Abb. 17.5).

Ebbe und Flut fördern die Ablagerung von Ton, Schluff oder Feinsand sowie von zerriebenen Schalen von Muscheln oder Schnecken. Die Korngrößen sind sehr klein, weshalb das Sediment sehr kompakt werden kann. Im Schlickboden bilden sich unter Luftabschluss stinkende blauschwarze Eisensulfide. Wenngleich die Artenzahl im Schlick verglichen mit Sandböden abnimmt, so ist trotzdem eine beachtliche Artenvielfalt vorhanden. Dies kann allerdings meist nur mit Grabwerkzeugen untersucht werden. Viele Meeresvögel sind auf das Erbeuten von Tieren der Schlickstrände spezialisiert. Die Brandgans beispielsweise saugt mit ihrem Schnabel Schlamm und filtriert damit Kleinlebewesen aus dem Boden.

Abb. 17.5 Schlick in einer Flussmündung

18

Dünen

Zusammenfassung Eine Düne besteht aus von Wind oder Wasser herangetragenem Sand. Sie nimmt typischerweise die Form eines Hügels oder eines Kamms an. Dünen können im Landesinnern oder an Küsten entstehen. An Küsten verlaufen Dünen meist parallel zum Strand. Sie schützen so oft das Hinterland vor möglichen Verwüstungen durch Brandungswellen des Meeres.

Düne mit Strandhafer

T. Jermann, *Strandführer Atlantikküste und Ärmelkanal*,
https://doi.org/10.1007/978-3-662-71235-1_18

Küstendünen bilden sich, wenn nasser Sand entlang der Küste abgelagert wird, austrocknet und danach vom Wind über den Strand geweht wird. Dünen bilden sich dort, wo ein Strand breit genug ist, um die Ansammlung von verwehtem Sand zuzulassen. Für die Küstendünenbildung braucht es außerdem große Mengen an vom Meer herangetragenem Sand, häufige landwärts gerichtete Winde sowie ein flaches Gebiet in Strandnähe. Vegetation oder Kies bremsen den Wind und fördern so die Sedimentation der herangewehten Sandkörner. Küstendünen dehnen sich vor allem seitlich aus; ihre maximale Höhe, die sogenannte Gleichgewichtshöhe, wird durch den Abstand zur Küste und das Pflanzenwachstum innerhalb der Düne bestimmt.

Küstendünen bilden für die Biodiversität wichtige, sehr spezielle Lebensräume. Tiere wie Schlangen, Eidechsen und diverse Nagetiere können in Küstendünen zusammen mit einer Vielzahl an Insekten und einer großartigen Flora ein Auskommen finden. Auch einige Vogelarten nutzen Küstendünen als Nistplätze.

Dünengliederung

Die Dünenbildung vollzieht sich in einem gestaffelten Prozess, einer sogenannten Sukzession. Eine Düne muss dabei nicht alle Phasen durchlaufen. Die verschiedenen Dünentypen, die entstehen, unterscheiden sich meist stark durch ihre Flora. Die Pflanzengemeinschaften verändern sich im Verlauf der Dünenbildung. Die ersten Vegetationstypen bestehen vor allem aus Gräsern. Sie sind die einzigen Landpflanzen, welche die heftigen mechanischen Belastungen durch Wind, Sand und Verschüttung ertragen.

Primär- oder Vordüne

Vom Meer aus betrachtet bildet sich zunächst hinter dem Spülsaum die Vor- oder Primärdüne. Sie ist feucht und schwer, aber im Vergleich zum Spülsaum weniger salzig und enthält weniger Nährstoffe. Hier wachsen salztolerante Pflanzen wie Meersenf *Cakile maritima*, Kali-Salzkraut *Salsola kali*, Binsen-Quecke *Elymus farctus* oder Salzmiere *Honckenya peploides* (Abb. 18.1).

Abb. 18.1 Primärdüne

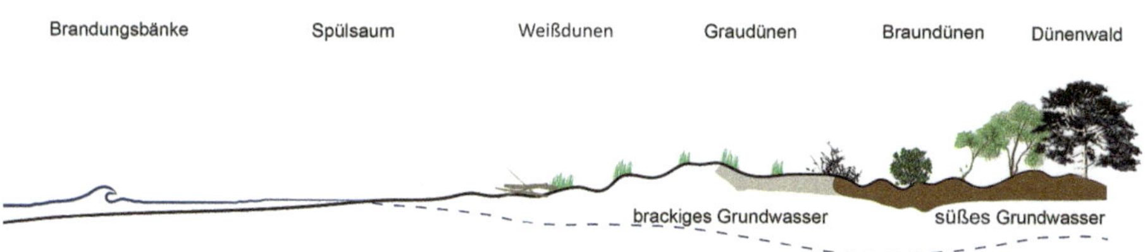

Schematischer Querschnitt durch eine typische Dünenlandschaft

Sekundärdüne oder Weißdüne , Haldendüne

Meist ist die Sekundärdüne mehrere Meter hoch. Sie bildet sich nach und nach aus dem Sand der Primärdüne. Hier bildet sich schon etwas Boden, auch wenn er mit einem geringen Nährstoffgehalt noch als Rohboden bezeichnet wird. Der Pflanzenbewuchs ist mit 10–30 % Bedeckung noch bescheiden. Typisch sind Strandroggen (*Leymus arenarius*), Strandhafer *Ammophila arenaria*, Stranddistel *Eryngium maritimum* und Filzige Pestwurz *Petasites spurius* (Abb. 18.2).

Abb. 18.2 Sekundär- oder Weißdüne

Graudüne oder Tertiärdüne

Die Graudüne entsteht aus der Weißdüne. Sie ist mit weniger als 20 % Hangneigung deutlich weniger steil. Der Boden hat sich im Vergleich zur Weißdüne von weit entwickelt. Die Graudüne besitzt die arten- und individuenreichste Flora innerhalb einer Küstendüne. Bis zu 90 % der Oberfläche sind von Pflanzen bewachsen. Abgestorbenes Pflanzenmaterial ist verantwortlich für die dunkle Färbung des Bodens, dessen pH-Wert im Verlauf der Entstehung von etwa pH 6,5 auf pH 4,5 sinkt. Typischerweise wachsen hier Strand-Beifuß *Artemisia maritima*, Apfelrose *Rosa rugosa*, Dünen- oder Bibernellrose *Rosa spinosissima* (Syn.: *Rosa pimpinellifolia*), diverse Becher- und Laubflechten, Doldiges Habichtskraut *Hieracium umbellatum*, Silbergras *Corynephorus canescens*, Kriechweide *Salix repens*, Mauerpfeffer *Sedum acre*, Krähenbeere *Empetrum sp.* und Besenheide *Calluna vulgaris* (Abb. 18.3).

Abb. 18.3 Graudüne

Braundüne

Der Boden der Braundüne besteht aus einer nährstoffarme Braunerde und ist praktisch vollständig von Vegetation bedeckt. Durch das Absterben von Pflanzen gelangt laufend organische Substanz in den Untergrund. Das Carbonat, das in Weiß- und Graudünen noch reichlich vorhanden ist, ist hier bereits ausgewaschen. Dies führt zu einer fortschreitenden Bodenversauerung durch Huminsäuren. Typisch für die Braundüne sind Heidegesellschaften mit Krähenbeere *Empetrum sp.*, Tüpfelfarn *Polypodium vulgare*, Besenheide *Calluna vulgaris*, Kriechweide *Salix repens* und Sanddorn *Hippophae rhamnoides* (Abb. 18.4).

Abb. 18.4 Braundüne und Dünental

Dünentäler

Durch fortwährende Bildung neuer Dünenwälle entstehen „primäre Dünentäler". Sie grenzen teils großflächig Strandabschnitte gegen das Meer ab.

„Sekundäre Dünentäler" hingegen entstehen durch Erosion von Dünen an der Landseite. Dünentäler können entweder zwischen Grau- und Braundüne entstehen, oder sie entstehen hinter den Braundünen. Oft sammelt sich hier Wasser an, sei es durch Regen oder als Grundwasser, und so finden sich oft Kleingewässer in den Dünentälern (Abb. 18.5).

Typisch für Dünentäler sind Kreuzkröte *Bufo calamita* und Strandling *Littorella uniflora*.

Abb. 18.5 In Dünentälern wachsen oft Nadelgehölze

Wanderdünen

Wanderdünen werden vom Wind bewegt und können einige Meter pro Jahr zurücklegen. In der Regel besitzen Wanderdünen keine oder nur spärliche Vegetation an der Oberfläche.

Auf der dem Wind zugewandten Seite, der Luvseite, ist die Steigung der Düne gering, auf der dem Wind abgeneigten Seite, der Leeseite, oft deutlich steiler.

Wanderdünen können beachtlich in die Höhe wachsen. So gibt es Dünen von bis zu 100 m Höhe. Berühmte Wanderdünen sind an der Ostseeküste in Polen die Lontzkedüne, in Dänemark die *Rubjerg Knude* zwischen Lønstrup und Løkken oder die französische *Dune du Pyla* an der Atlantikküste bei Arcachon (Abb. 18.6).

Abb. 18.6 Wanderdüne Rubjerg Knude, Dänemark

19

Strandfunde, angespülte Tiere und Pflanzen

Zusammenfassung Der Spülsaum ist der „Trödelmarkt des Meeres". Hier trifft das Meer auf Land, und vor allem, wo starke Gezeiten herrschen, wird viel Material an Land deponiert. Bei Springtiden wird der ganze Spülsaum nach oben bis nahe ans Supralitoral verschoben. Werden die Tiden wieder schwächer, bilden sich täglich wieder neue Spülsäume, die einige Tage lang bestehen bleiben. Der Spülsaum markiert die täglich unterschiedlichen Flutstände (Gezeiten). Naturfreunde finden im Spülsaum „alles, was das Herz begehrt", auch wenn das Angespülte meist nicht in bestem Zustand ist. Es ist jedoch die Nahrungsgrundlage für viele Kleintiere, zum Beispiel für die Flohkrebse *Copepoden*, die ihrerseits Nahrung von Küstenvögeln sind.

T. Jermann, *Strandführer Atlantikküste und Ärmelkanal*,
https://doi.org/10.1007/978-3-662-71235-1_19

Es wird immer etwas angespült

Algen und Seegräser, **a** Einzellige Algen der Gattung *Euglena* sammeln sich bei hellem Licht und Ebbe auf der Sandoberfläche. Bevor die Flut eintrifft, verschwinden sie wieder im Untergrund! **b** Die Braunalge *Colpomenia peregrina* wird gelegentlich vom Untergrund losgerissen. Sie ist in unterschiedlichem Grad mit Wasser gefüllt. **c** Die Meersaite *Chorda filum* kann einige Meter lang werden. Sie wächst manchmal nicht auf robustem Fels, sondern auf Muscheln, die losgerissen werden können. **d** Das Seegras *Zostera marina* ist eine der seltenen Blütenpflanzen des Meeres. Sie blüht unter Wasser. **e** Seegräser können sich über Rhizome sehr gut vermehren und so große Areale bedecken. Die „Seegraswiesen" sind einzigartige marine Habitate für unzählige Meerestiere

Nesseltiere: **a** Hydrozoenkolonie. **b** Quallen gelangen nur als „Unfall" an einen Strand. Quallen wie die Ohrenqualle *Aurelia aurita* sind Hochseetiere, die sich auf offener See von Zooplankton ernähren, das sie mit ihren Nesselzellen erbeuten. **c** Lungenqualle *Rhizostoma pulmo* **d** Die Wurzelmundqualle *Rhizostoma octopus* ähnelt in Größe und Form der Lungenqualle. **e & f** Die Leuchtqualle *Pelagia noctiluca* kommt in großen Schwärmen an die Küsten. Der Kontakt mit ihr ist sehr unangenehm, sie nesselt stark. **g & h** Kompassqualle *Chrysaora hysoscella*. Auch sie ist auch für Menschen bei Berührung unangenehm

Entenmuscheln *Pedunculata*

Entenmuscheln gehören wie die Seepocken zu den Rankenfußkrebsen *Cirripedia*. Sie wachsen auf treibenden Objekten wie Holz, Schiffsrümpfen oder anderen Flossen. Auch auf großen Meeressäugern können manche Arten siedeln. Im Litoral finden wir sie als gelegentliche Strandungsopfer.

Krebstiere: **a & b** Gemeine Entenmuschel *Lepas anatifera*. Die Rankenfußkrebse sind nicht wählerisch bei der Suche nach einem treibenden Objekt. **c** Bojenbildende Entenmuschel *Dosima fascicularis* **d** Die Rankenfüße von *Dosima fascicularis* **e** Exuvie (Häutungrelikt) einer Seespinne *Maja brachydactyla* (Kap. 14). Krebse häuten sich regelmäßig, und die meisten am Strand gefundenen Krabben sind nicht – wie meist vermutet – tot; es handelt sich meist nur um „Häute"

Weichtiere: **a** Die Pantoffelschnecke *Crepidula fornicata* bildet Ketten aus Individuen (Kap. 14). **b** Gelege der Nabelschnecke *Euspira nitida* (syn. *Natica alderi*) **c** Wellhornschnecke *Buccinum undatum* **d** Gelege der Wellhornschnecke werden häufig angespült, da sie schwimmen. **e** Gelege des Gemeinen Tintenfisches *Sepia officinalis*. Die Eier werden vom Weibchen kunstvoll an Algen oder Korallenkolonien angestrickt. Die Technik des Verknotens ist dabei unglaublich perfekt. **f** Manchmal fehlt den Gelegen von *Sepia* das zur Tarnung der Eier nötige Quäntchen schwarzer Tinte. Die Eier bleiben dann weiß. **g** Der Schulp ist das innere Skelett der *Sepia*. Es ist sehr stabil und gleichzeitig sehr leicht, da es aus luftgefüllten engen Kammern besteht. **h** Gelege eines Kalmars *Loligo vulgaris*

Chordatiere: **a** Faltenascidie *Styela clava*, ein solitäres Manteltier. **b** Ein Kleingefleckter Katzenhai *Scyliorhinus canicula* ist angespült worden. **c** Eikapsel eines Katzenhais **d** Die Eikapseln der Katzenhaie sind perfekt designt: Sie sind geruchsdicht, reißfest und verankern sich mit ihren langen Fäden selbst im Algendickicht oder in Korallenbeständen. **e** Im Eiinnern entwickelt sich der Embryo 7–9 Monate lang. Beim Schlüpfen ist der Hai 10 cm lang und ein perfektes kleines Abbilld seiner Eltern. **f** Eikapsel eines Rochens, vermutlich eines Nagelrochens *Raja clavata*

Knochenfische: **a** Hornhecht *Belone belone*. Die schlanken Fische schwimmen immer knapp unter der Wasseroberfläche. **b** Ganz selten werden auch Mondfische *Mola mola* angespült. Die Fische können mehr als 3 m messen und über zwei Tonnen wiegen. Sie ernähren sich von Plankton und dabei mit Vorliebe von Quallen. **c** Sandaale oder Tobiasfische *Ammodytes tobianus* leben im litoralen Flachwasser. Bei Ebbe graben sie sich in Sandbänken ein. Im Winter sind sie im Sublitoral in Wassertiefen von 20–50 m ebenfalls im Sand eingegraben. Sie kommen in großen Schwärmen vor und ernähren sich von Zooplankton und größerem Phytoplankton, vor allem von Diatomeen

Erratum zu: Die marinen Lebensgemeinschaften

Erratum zu:
Kapitel 3 in: T. Jermann, *Strandführer Atlantikküste und Ärmelkanal*, https://doi.org/10.1007/978-3-662-71235-1_3

Die visuelle Darstellung und Formatierung der Tabelle 3.1 auf Seite 22 wurden korrigiert:

Plankton	Femto- 0,02–0,2 µm	Pico- 0,2–2,0 µm	Nano- 2,0–20 µm	Mikro- 20–200 µm	Meso- 0,2–20 mm	Makro- 2–20 cm	Mega- 20–200 cm
Virio-							
Bakterio-							
Myko-							
Phyto-							
Protozoo-							
Zoo-							

Die aktualisierte Version dieses Kapitels finden Sie unter:
https://doi.org/10.1007/978-3-662-71235-1_3

T. Jermann, *Strandführer Atlantikküste und Ärmelkanal*,
https://doi.org/10.1007/978-3-662-71235-1_20

Die überarbeitete Tabelle gibt nun die beabsichtigte Struktur und den Inhalt korrekt wieder:

-Plankton	Femto- 0,02–0,2 µm	Pico- 0,2–2,0 µm	Nano- 2,0–20 µm	Mikro- 20–200 µm	Meso- 0,2–20 mm	Makro- 2–20 cm	Mega- 20–200 cm
Virio-							
Bakterio-							
Myko-							
Phyto-							
Protozoo -							
Zoo-							

Literatur

Archer-Thomson, J., & Cremona, J. (2019). *Rocky shores*. Bloomsbury Wildlife.
Barber, J. H., Lu, D., & Pugno, N. M. (2015). Extreme strength observed in limpet teeth. *Journal of the Royal Society, Interface, 12*(105), 20141326.
Bowen, S., Goodwin, C., Kipling, D., & Picton, B. (2018). *Sea squirts and sponges of Britain and Ireland.* Wild Nature Press.
Branch, G. M. (1981). The biology of limpets: Physical factors, energy flow and ecological interactions. *Oceanography and Marine Biology: An Annual Review, 19*, 235–280.
Bunker, F. D., Brodie, J. A., Maggs, C. A., & Bun-ker, A. R. (2017). *Seaweeds of Britain and lreland.* Wild Nature Press.
Buttivant, H. (2019). *Rock Pool. Extraordinary encounters between the tides.* September Publishing.
Cabioc'h, J., Floc'h, J.-Y., et al. (2014). *Algues des mers d'Europe*. Delachaux et Niestlé.
Caldo, R., Dionísio, G., & Dinis, M. T. (2007). Decapod crustaceans associated with the snakelock anemone *Anemonia sulcata*. Living there or just passing by? *Scientia Marina, 71*, 287–292.
Castro, P., & Huber, M. (2018). *Marine biology*. McGraw-Hill Education.
Cleave, A., & Sterry, P. (2012). *Collins complete guide to British coastal wildlife*. Harper Collins.
Costa, D. P., Marques, S. S., Baptista, T. M., et al. (2016). Preliminary study on the reproduction of the beadlet anemone Actinia equina Linnaeus, 1758. In *Conference abstract, International meeting on marine research 20l6* (Frontiers in marine science 3). https://doi.org/10.3389/conf.FMARS.2016.04.0004
Dipper, F. (2016). *The marine world. A natural history of ocean life*. Wild Nature Press.
Fish, J. D., & Fish, S. (2011). *A student's guide to the seashore* (3. Aufl.). Cambridge University Press.

T. Jermann, *Strandführer Atlantikküste und Ärmelkanal*,
https://doi.org/10.1007/978-3-662-71235-1

Hatcher, J., & Trewhella, S. (2019). *The essential guide to rockpooling*. Wild Nature Press.
Hayward, P. (2004). *New naturalist seashore*. HarperCollins.
Hayward, P. J., & Ryland, J. S. (1995). *Handbook of the marine fauna of North-West Europe*. Oxford University Press.
Hayward, P. J., & Ryland, J. S. (2009). *Handbook of the marine fauna of North-West Europe*. Oxford University Press.
Hayward, P. J., Nelson-Smith, T., & Shields, C. (1996). *Collins pocket guide to seashore of Britain and Europe*. HarperCollins.
Henderson, P. (2014). *Identification guide to the inshore fish of the British Isles*. Pisces Conservation.
Jermann, T. (1987). *Zur amphibischen Lebensweise von Blennius (Lipophrys) pholis*. Diplomarbeit Universität Basel.
Jermann, T. (1992a). Amphibious vision in *Coryphoblennius galerita* L. Perciformes. *Experientia, 48*, 217–218.
Jermann, T. 1992b. Amphibische Funktionen bei Schleimfischen *Blenniidae* europäischer Meeresküsten. Ökologie und funktionelle Anatomie von *Coryphoblennius galerita* Linnaeus, 1758, *Lipophrys pholis* Linnaeus, 1758 und *Lipophrys trigloides* Valenciennes, 1836. Dissertation Uni Basel.
Jermann, T. (2020). *Etudes Marines*. Du + Ich Verlag.
Jermann, T., & Ruess, G. (1988). *Überblick über die biotischen und abiotischen Faktoren der Gezeitenküste (plus Artenliste) von Erquy*. Universität Basel.
Johansen, K. (1968). Air breathing fishes. *Scientific American, 219*, 102–111.
Kay, P., & Dipper, F. (2009). *The fieldguide to the marine fishes of Wales and adjacent waters*. Marine Wildlife.
Laming, P. R. (1983). Ventilatory rate in the butterfish *Pholis gunnellus* as a consequence of temperature and previous emersion. *Comparative Biochemistry & Physiology, 76A1*, 71–73.
Laming, P. R., Funston, C. W., Roberts, D., & Armstrong, M. J. (1982). Behavioural, physiological and morphological adaptations of the shanny *Blennius pholis* to the intertidal habitat. *Journal of the Marine Biological Association UK, 62*, 329–338.
Little, C., Williams, G. A., & Trowbridge, C. D. (2009). *The biology of rocky shores* (2. Aufl.). Oxford University Press.
Moen, F. E., & Svenson, E. (2004). *Marine fish and invertebrates of Northern Europe*. KOM.
Naylor, E., & Brandt, A. (2015). *Synopses of the British fauna* (New series no.3, 2. Aufl.). Field Studies Council.
Naylor, P. (2011). *Great British marine animals* (3. Aufl.). Sound Diving Publications.
Newell, R. C. (1970). *Biology of intertidal animals*. Logos Press.
Picton, B., & Morrow, C. C. (1994). *A field guide to the nudibranchs of the British Isles*. IMMEL Publishing.
Porter, J. (2012). *Seasearch guide to bryozoans and hydroids of Britain and Ireland*. Marine Conservation Society.

Rainbow, P. S. (1984). *An introduction to the biology of British Littoral Barnacles*. Field Studies Council. Originally published in Field Studies 6, I-51.

Sabourault, C., Ganot, P., Deleury, E., Allemand, D., & Furla, P. (2009). Comprehensive EST analysis of the symbiotic sea anemone, Anemonia viridis. *BMC Genomics, 10*, 333.

Southward, A. J. (2008). *Synopses of the British fauna* (New series no. 57 Barnacles). Field Studies Council.

Sterry, P. R. (2004). *Complete British birds*. HarperCollins.

Sterry, P. R. (2005). *Complete British animals*. HarperCollins.

Sterry, P. R. (2006). *Complete British wild flowers*. HarperCollins.

Sterry, P. R., & Cleave, A. (2012). *Complete guide to British coastal wildlife*. HarperCollins.

Streignart, A. (2004). *Tout savoir sur les marées*. Editions Ouest-France.

Svensson, L. (2010). *Collins bird guide: The most complete guide to the birds of Britain and Europe*. HarperCollins.

Tardent, P. (2005). *Meeresbiologie. Eine Einführung*. Thieme.

Trewhella, S., & Hatcher, J. (2015). *The essential guide to beachcombing and the strandline*. Wild Nature Press.

Trewhella, S., & Hatcher, J. (2017). *In the company of seahorses*. Wild Nature Press.

Wood, C. (2005). *Seasearch guide to sea anemones and corals of Britain and Ireland*. Marine Conservation Society.

Wood, C. (2013). *Sea anemones and corals of Britain and Ireland*. Wild Nature Press.

Websites

APhotoMarine. www.aphotomarine.com
British Trust for Ornithology BTO. www.bto.org
Encyclopaedia of Marine Life of Britain and Ireland. www.habitas.org/marinelife
First Nature. www.first-nature.com
FishBase. www.fishbase.org
Island Sea Safaris Isles of Scilly. www.islandseasafaris.co.uk
Marine Conservation Society. www.mcsuk.org
Marine Life Information Network. www.marlin.ac.uk
Marine Life Study Society. www.glaucus.org.uk
National Biodiversity Network Gateway. www.nbn.org.uk
Royal Society for the Protection of Birds RSPB. www.rspb.org.uk
Shark Trust. www.sharktrust.org
Stalked Jellyfish/Stauromedusae UK. www.stauromedusae.co.uk
The Conchological Society of Great Britain and Ireland. www.conchsoc.org
ThomasJermann.ch. www.thomasjermann.ch
Wildlife Trusts. www.wildlifetrusts.org.uk
World Register of Marine Species. www.marinespecies.org

Stichwortverzeichnis

T. Jermann, *Strandführer Atlantikküste und Ärmelkanal*,
https://doi.org/10.1007/978-3-662-71235-1

GPSR Compliance

The European Union's (EU) General Product Safety Regulation (GPSR) is a set of rules that requires consumer products to be safe and our obligations to ensure this.

If you have any concerns about our products, you can contact us on ProductSafety@springernature.com

In case Publisher is established outside the EU, the EU authorized representative is:

Springer Nature Customer Service Center GmbH
Europaplatz 3
69115 Heidelberg, Germany

Batch number: 10035775

Printed by Printforce, the Netherlands